国家重点研发计划项目
“多源固废协同利用技术、模式与集成示范”（2019YFC1904605）

LAJI FENSHAO FADIANCHANG TANPAIFANG HESUAN ZHINAN

垃圾焚烧发电厂碳排放核算指南

刘海威 等◎编著

中国环境出版集团·北京

图书在版编目（CIP）数据

垃圾焚烧发电厂碳排放核算指南 / 刘海威等编著 . —
北京：中国环境出版集团，2023.3
ISBN 978-7-5111-5467-5

Ⅰ.①垃… Ⅱ.①刘… Ⅲ.①垃圾发电—发电厂—二氧化碳—排气—经济核算—中国—指南 Ⅳ.① X511-62

中国国家版本馆 CIP 数据核字（2023）第 037435 号

出 版 人 武德凯
责任编辑 张 佳
封面设计 光大印艺

出版发行 中国环境出版集团
（100062 北京市东城区广渠门内大街 16 号）
网 址：http: //www.cesp.com.cn
电子邮箱：bjgl@cesp.com.cn
联系电话：010-67112765（编辑管理部）
010-67112739（第六分社）
发行热线：010-67125803，010-67113405（传真）
印 刷 北京市联华印刷厂
经 销 各地新华书店
版 次 2023 年 3 月第 1 版
印 次 2023 年 3 月第 1 次印刷
开 本 787 × 1092 1/16
印 张 8.25
字 数 141 千字
定 价 58.00 元

指导单位：中国城市环境卫生协会

主编单位：中国恩菲工程技术有限公司

参编单位：重庆三峰环境集团股份有限公司

苏州大学

指导单位

中国城市环境卫生协会
China Association of Urban Environmental Sanitation

指导专家

徐文龙　刘　诚　雷钦平　白良成　徐海云

刘　哲　司景忠　刘晶昊　焦学军

编委会成员

编委会主任：魏甲明

主　编：刘海威

副主编：高晓民　张文坤　王文波　吴崇禄　吴　玺

主要编写人员：

何　坤　陈瑞英　于　超　田丽森　高术杰　曹　迪

于　淼　王明峰　华　昀　张　灿　郑　非　宋　薇

苏　博　黎小保　高玉萍　张德洲　程晋阳　邹金生

徐云清　郑雪艳　李立亚　叶　庆　蔡琦琳　刘博洋

刘梦飞

审核人：

王满仓　陈德喜　李　兵　陈宋璇　刘　君　曲一鸣

张瑛华　彭孝容　翟力新

前　言

由于工业革命以来人类活动的影响，全球气候正在发生快速的变化。极端高温、强降雨、干旱等气候事件更加频繁和严重，这些气候变化给人类可持续发展带来了前所未有的危机。温室气体被认为是导致气候变化的主要因素之一，同时也是全球变暖的主因。为应对气候变化带来的不利影响，需要全球所有国家在21世纪20年代这个关键十年中为减少温室气体排放做出努力。2020年9月，国家主席习近平在第七十五届联合国大会一般性辩论上宣布，中国力争2030年前二氧化碳排放达到峰值，努力争取2060年前实现碳中和。碳达峰、碳中和目标的提出将进一步推动我国经济高质量发展，提升我国在全球环境问题方面的话语权，对我国具有重要的经济意义和政治意义。

生活垃圾是人为温室气体的主要来源之一。我国是人口大国，2020年全国城市生活垃圾清运量已达2.35亿t，而垃圾焚烧发电对垃圾处理处置过程中的碳减排有着关键作用。近年来，我国稳步推进生活垃圾分类，大力推行焚烧发电处理，生活垃圾焚烧发电处理能力快速提升。目前我国的垃圾焚烧处理能力已超过美国、日本和欧盟，跃居世界首位，且仍呈现不断增长趋势。可以预见，在我国碳达峰、碳中和目标发展模式下，垃圾焚烧发电处理将成为最有优势的垃圾处理方式。

讨论碳达峰、碳中和的前提是需要知道排放量以及如何核算碳排放量，不同行业因特点不同而有着不同的核算方法。当前我国生活垃圾焚烧行业的碳排放核算仍缺乏方法研究和必要的数据支撑，不利于垃圾焚烧发电行业高质量发展，无法在碳达峰、碳中和战略中发挥其应有的作用。

基于此，本书在详细研究国内外碳排放核算方法的基础上，提出适用于我国生活垃圾焚烧发电行业的碳排放核算方法，具有科学性、完整性、规范性和可操作性，内容涉及适用范围、系统划分、核算边界、核算方法、活动数据、排放因子等；并基于生活垃圾焚烧发电厂实际案例数据，分析和比较不同项目碳足迹数据的差异、原因和优化方案，进行碳排放量及其影响因素研究，为生活垃圾焚烧发电项目的碳排放核算和低碳化运行提供指导。

目 录

1

碳排放相关概念

温室气体（Greenhouse Gas，GHG）：大气中吸收和重新放出红外辐射的自然和人为的气态成分，包括二氧化碳（CO_2）、甲烷（CH_4）、氧化亚氮（N_2O）、氢氟碳化物（HFCs）、全氟化碳（PFCs）、六氟化硫（SF_6）和三氟化氮（NF_3）等。

碳足迹（Carbon Footprint）：人类生产和消费活动所产生的直接和间接的温室气体的排放总量，主要用 CO_2 当量（简写为 CO_2e）来表示。碳足迹的概念由生态足迹的概念引申而来，认为人类的生产、消费活动会对自然环境产生影响，留下“足迹”，而“足迹”的大小是可以通过指标来计算的，通过将计算结果与生态环境容量进行比较，可评价全球生态环境可持续发展状况。

碳排放（Carbon Emission）：煤、石油、天然气等化石燃料燃烧活动、工业生产过程以及土地利用变化与林业等活动产生的温室气体排放，也包括因使用外购的电力和热力等所导致的温室气体排放。

碳排放权：分配给重点排放单位的规定时期内的碳排放额度。

国家核证自愿减排量（Chinese Certified Emission Reduction，CCER）：对我国境内可再生能源、林业碳汇、甲烷利用等项目的温室气体减排效果进行量化核证，并在国家自愿减排交易注册登记系统中登记的温室气体减排量。

碳达峰：CO_2 排放量达到历史最高值，经历平台期后持续下降的过程，是 CO_2 排放量由增转降的历史拐点。实现碳达峰意味着一个国家或地区的经济社会发展与 CO_2 排放实现“脱钩”，即经济增长不再以增加碳排放为代价。碳达峰被认为是一个经济体绿色低碳转型过程中的标志性事件。

碳中和：国家、企业、产品、活动或个人在一定时间内直接或间接产生的温室气体排放总量，通过植树造林、节能减排等形式抵消，达到相对“零排放”的过程。

《京都议定书》：全称为《联合国气候变化框架公约的京都议定书》，是1997年在日本京都召开的《联合国气候变化框架公约》第三次缔约方大会上通过的，旨在限制发达国家温室气体排放量以抑制全球变暖的国际性公约。《京都议定书》首次以国际性法规的形式限制温室气体排放，于2005年2月生效。我国于1998年5月签署并于2002年8月核准了《京都议定书》。《京都议定书》的目标是在2008—2012年的第一承诺期，将主要工业发达国家的CO_2等6种温室气体排放量在1990年的基础上平均减少5.2%。减排的温室气体包括CO_2、CH_4、N_2O、HFCs、PFCs、SF_6。

《京都议定书》建立了3种旨在减排温室气体的灵活合作机制——国际排放贸易机制（International Emissions Trading，ET）、联合履行机制（Joint Implementation，JI）和清洁发展机制（Clean Development Mechanism，CDM）。其中，ET、JI两种机制是发达国家之间实行的减排合作机制；CDM是发达国家与发展中国家之间实行的减排机制，主要是由发达国家向发展中国家提供额外的资金或技术，帮助实施温室气体减排。

《巴黎协定》：2015年12月12日，《联合国气候变化框架公约》近200个缔约方在第21届联合国气候变化大会（巴黎气候大会）上一致同意通过《巴黎协定》。2016年4月22日，100多个缔约方在位于美国纽约的联合国大厦签署了《巴黎协定》。《巴黎协定》于2016年11月4日起正式实施。

《巴黎协定》指出，各方将加强对气候变化威胁的全球应对，将全球平均气温较工业化前水平升高幅度控制在2℃以内，并努力将温度上升幅度限制在1.5℃以内，全球将尽快实现温室气体排放达峰，21世纪下半叶实现温室气体“零排放”。

“双碳”：碳达峰与碳中和简称“双碳”。2020年9月22日，国家主席习近平在第七十五届联合国大会一般性辩论上发表重要讲话：“应对气候变化《巴黎协定》代表了全球绿色低碳转型的大方向，是保护地球家园需要采取的最低限度行动，各国必须迈出决定性步伐。中国将提高国家自主贡献力度，采取更加有力的政策和措施，二氧化碳排放力争于2030年前达到峰值，努力争取2060年前实现碳中和。”

2

中国“双碳”目标提出的背景

2.1 温室气体排放对气候变化的影响

温室气体被认为是导致气候变化的主要因素之一，同时也是全球变暖的主因。人类活动包括人类燃烧化石燃料以及毁林等引起的大气中温室气体浓度的增加、大气中气溶胶浓度的变化、土地利用的变化等，是造成温室气体排放量增加的主要因素。从图 2-1 中可以看出，1950—2019 年，煤、石油、天然气的消费量显著增加。

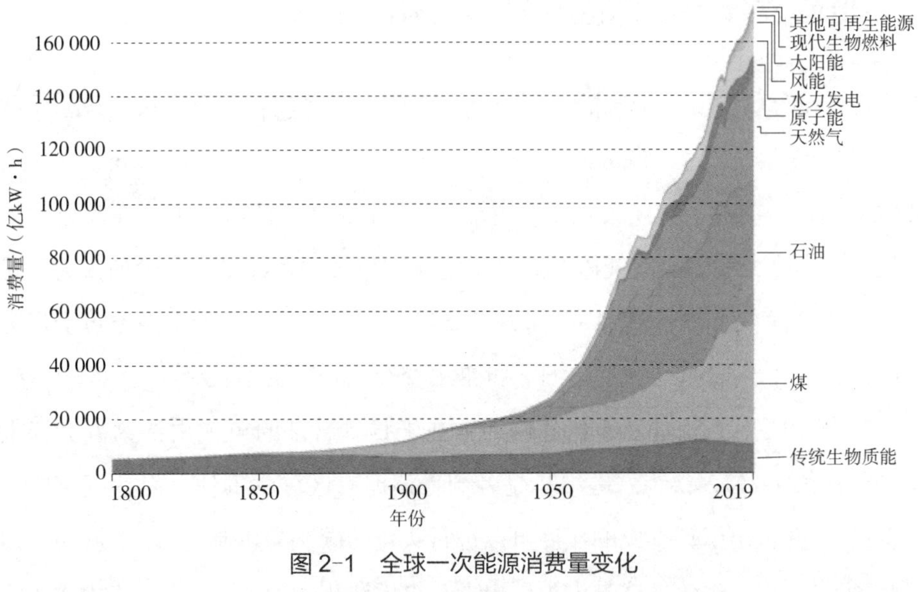

图 2-1 全球一次能源消费量变化

（资料来源：《BP 世界能源统计年鉴》）

目前，全球气候变化已经成为人类发展的最大挑战之一。人类活动造成的温室气体排放致使全球正以前所未有的速度变暖，高温、干旱、暴雨、洪涝等极端气候事件变得更加频繁，生物多样性趋于减少，全人类的生存环境受到威胁。气候变化已经不是未来的挑战，而是眼前的威胁，需要各国携手应对。

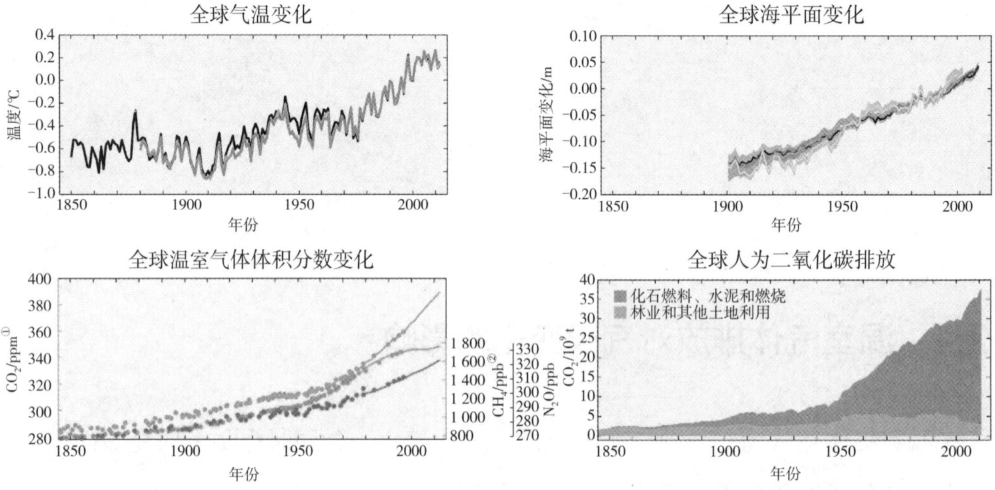

图 2-2　全球气温、海平面、温室气体浓度、人为二氧化碳排放变化情况

［资料来源：联合国政府间气候变化专门委员会（IPCC）第五次评估报告］

2.2　低碳发展是全球应对气候变化的共识

为降低全球气候变化带来的负面影响，第四十五届联合国大会决定设立《联合国气候变化框架公约》（United Nations Framework Convention on Climate Change，UNFCCC，以下简称《气候公约》），并于 1992 年 5 月 9 日通过了《气候公约》文本，提出了“将大气中温室气体的浓度稳定在防止气候系统受到危险的人为干扰的水平上”的目标。我国于 1992 年 11 月 7 日经全国人民代表大会常务委员会批准了《气候公约》，并于 1993 年 1 月 5 日将批准书交存联合国秘书长处。

1997 年 12 月，《气候公约》各缔约方在于日本召开的第三次缔约方会议上达成了《京都议定书》，认为“碳减排是各国普遍但有区分的责任，发达国家应承担主要责任”，并提出了碳排放的额度可以进行买卖的碳交易机制雏形。2005 年 2 月，《京都议定书》正式生效。这是人类历史上首次以法规的形式限制温室气体排放。

为采取行动减少温室气体排放，增强对气候变化的应对能力，2015 年，《气

① 1 ppm=1 × 10^{-6}。

② 1 ppb=1 × 10^{-9}。

候公约》近200个缔约方在第21届联合国气候变化大会上一致同意通过《巴黎协定》，旨在对2020年后全球应对气候变化的行动做出统一安排，大幅减少全球温室气体排放，将全球平均气温较工业化前水平升高幅度控制在2℃以内，并努力将温度上升幅度限制在1.5℃以内。《巴黎协定》的实施对于实现可持续发展目标至关重要，该协定为推动碳减排等提供了路线图，标志着向低碳世界转型的开始。我国于2016年9月3日经全国人大常委会批准加入《巴黎协定》，成为完成了批准协定的缔约方之一。

2.3 中国“双碳”目标的提出和面临的挑战

为应对全球气候变化，发挥我国负责任大国的积极作用，2020年9月22日，国家主席习近平在第七十五届联合国大会一般性辩论上提出：“中国将提高国家自主贡献力度，采取更加有力的政策和措施，二氧化碳排放力争于2030年前达到峰值，努力争取2060年前实现碳中和。”随后，生态环境部审议通过了《碳排放权交易管理办法（试行）》，并于2021年2月1日起正式施行，标志着我国“双碳”战略实施进入了全新的阶段。

2021年两会上，碳达峰、碳中和首次被写入政府工作报告，强调要扎实做好碳达峰、碳中和各项工作，优化产业结构和能源结构，制定2030年前碳排放达峰行动方案。至此，我国正式开始低碳发展模式。

然而，我国是制造大国，钢铁、有色金属等产量均居世界首位，同时我国仍为世界最大发展中国家，面临着发展经济、改善民生、治理污染等一系列艰巨任务，因此能源消耗量巨大。目前，我国是全球最大的温室气体排放国，且CO_2排放量仍呈现增长趋势。相比其他国家，我国实现碳达峰、碳中和压力将更大。

要实现碳达峰、碳中和目标，需要采取一系列强有力的政策和措施。实现碳达峰、碳中和将是一个全方位、全流程的动态过程，既是能源技术和生产方式的转型，又是经济发展方式和生活方式的转型，涉及全社会的方方面面，需要各行各业共同努力。

3

我国碳交易市场发展现状

碳排放权交易市场（以下简称碳市场）是一种运用市场手段控制温室气体排放的政策工具，在越来越多的国家和地区被应用，也是推动我国“双碳”目标实现的重要支撑。2010 年首次提出建立碳市场以来，我国碳排放权交易体系已历经 10 余年的发展，2021 年 7 月实现了全国碳市场的启动运行，形成了地方试点碳市场与全国碳市场并行的局面。发电行业是首个纳入全国碳市场的行业。我国碳市场是第一个在发展中国家建立的国家级碳市场。

碳市场建设的重要时间节点包括：2010 年 9 月，我国首提碳市场建设；2013—2014 年，7 个试点碳市场启动（深圳、上海、北京、广东、天津、湖北、重庆）；2016 年，2 个非试点地区碳市场上线（四川、福建）；2021 年 2 月，生态环境部发布的《碳排放权交易管理办法（试行）》正式施行；2021 年 7 月，全国碳市场正式启动。《碳排放权交易管理办法（试行）》规定，尚未被纳入全国碳市场的企业将继续在试点碳市场进行交易，纳入全国碳市场的重点排放单位，不再参与地方试点碳市场。7 个碳市场情况见表 3-1。

表 3-1　7 个试点碳市场情况

地区	启动时间	纳入行业	纳入标准（无特殊说明的为年碳排放量）
深圳	2013 年 6 月 18 日	工业（电力、水务、制造业等）和建筑	工业：5 000 t 以上；公共建筑：2 万 m^2 以上；机关建筑：1 万 m^2 以上
上海	2013 年 11 月 26 日	电力、钢铁、石化、航空、电子、有色金属、其他行业	年耗能 1 万 t 标准煤以上
北京	2013 年 11 月 28 日	电力热力、石化、水泥、道路运输、服务业、其他行业	重点排放单位：5 000 t 以上； 报告单位：2 000 t 以上

续表

地区	启动时间	纳入行业	纳入标准（无特殊说明的为年碳排放量）
广东	2013年12月19日	6个工业行业：电力、水泥、钢铁、石化、造纸、民航	年排放2万t以上；综合能耗1万t标准煤以上
天津	2013年12月26日	5个工业行业：电力热力、钢铁、化工、石化、油气开采	2013—2018年任一年温室气体总量达到2.6万t（综合能耗1万t标准煤以上）
湖北	2014年4月2日	16个工业行业：电力热力、有色金属、钢铁、水泥、石化等	2016—2018年任一年综合能耗大于1万t标准煤
重庆	2014年6月19日	电力、电解铝、铁合金、烧碱、水泥、钢铁等	温室气体总量达到2.6万t（综合能耗1万t标准煤以上）

3.1 全国碳市场运行情况

全国碳市场的交易中心位于上海，碳配额登记系统设在武汉，两地共同承担全国碳排放权交易体系的支柱作用。首个履约周期自2021年1月1日起，到2021年12月31日止，覆盖的重点排放单位共计2 225家，为2013—2019年任一年排放达到2.6万t CO_2 当量（综合能源消费量约为1万t标准煤）的发电企业（含其他行业自备电厂）。

3.1.1 市场活跃度还有较大提升空间

全国碳市场的配额总量约为45亿t，截至2021年12月31日，累计交易量约为1.79亿t，总成交金额约为76.84亿元。根据目前的交易量测算，全国碳市场交易换手率在3.98%左右。欧盟碳市场是目前全球范围内交易最活跃的碳市场，其换手率从初期的4.09%提升至当前的417%。与欧盟碳市场相比，我国碳市场尚处于发展初期，市场活跃度还有较大提升空间。

3.1.2 市场成熟度有待进一步提升

2021年全国碳市场交易量主要集中于7月末、9月末及11月至年末3个时点。7月末为开市初期，开市首日企业参与热情高，交易量较大；9月末碳配额最终核定发放，控排企业成交热情有所增长，出现集中交易现象；11 月中下旬，履约期临近，控排企业再度开始集中交易，以保障履约完成。碳市场交易量集中，“潮汐”现象显著，主要原因在于我国碳市场成熟度较低，参与主体及交易工具单一，市场流动性不足，存在企业被迫集中交易的倾向。

3.1.3 大宗协议交易是目前主要的交易方式

碳排放权协议转让包括挂牌协议交易和大宗协议交易两种方式，其中 10 万 t 以下以挂牌协议交易的方式成交，10 万 t（含）以上以大宗协议交易的方式成交。2021 年 7—12 月，大宗协议的累计交易量占比远高于挂牌协议，分别为 83% 和 17%。对比两种交易方式的日均价格，挂牌协议的价格维持在 45 元 /t 左右，整体上高于大宗协议的价格（40 元 /t 左右）。

3.2 试点碳市场运行情况

2011 年 10 月，《国家发展改革委办公厅关于开展碳排放权交易试点工作的通知》印发，批准在北京、天津、上海、重庆、湖北、广东和深圳开展碳排放权交易试点。

截至 2021 年 12 月 31 日，纳入 7 个试点碳市场的排放企业和单位超过了 2 900 家，试点碳市场已覆盖各区域内 20%～40% 的温室气体排放量。试点碳市场通过市场化手段和机制实现了碳资源的优化配置，构建了碳排放交易的制度框架，形成了总量控制、核查、交易的完整碳市场体系。试点企业碳排放得到控制，关联产业得到培育和发展，且各地履约情况良好，履约率（期末能够足额上缴碳配额企业占总控排企业比例）均在 100% 左右，试点碳市场已成为各地区重要的减排手段。

3.3 非试点地区碳市场运行情况

2016 年 12 月 16 日，四川碳市场开市，成为全国非试点地区第一个、全国第八个拥有国家备案碳排放权交易机构的省份。2016 年 12 月 22 日，福建碳市场开市，除纳入国家规定的石化、化工、建材、钢铁、有色金属、造纸、电力、航空八大行业外，还在全国率先将陶瓷业纳入。

3.4 CCER 交易情况

2012 年 6 月，国家发展改革委印发《温室气体自愿减排交易管理暂行办法》和《温室气体自愿减排项目审定与核证指南》两大关键文件，建立 CCER 签发流程和框架，正式启动了 CCER 项目试点工作。2015 年，国家核证自愿减排量交易平台上线，CCER 进入交易阶段。2017 年，为进一步完善和规范温室气体自愿减排交易、促进绿色低碳发展，国家发展改革委公布暂停 CCER 交易，组织修订《温室气体自愿减排交易管理暂行办法》，存量的 CCER 交易仍在各大试点进行。

《碳排放权交易管理办法（试行）》规定，重点排放单位每年可以使用 CCER 抵消碳排放配额的清缴，抵消比例不得超过应清缴碳排放配额的 5%。目前我国正在积极筹备重新启动 CCER 项目的备案和减排量的签发，CCER 碳抵消机制将和全国碳市场进一步融合，更有效率地推动全社会减排，助力国家“双碳”目标实现。

4

垃圾焚烧发电行业碳核算的意义

4.1 为我国“双碳”目标做出贡献

生活垃圾处理处置是人为温室气体的主要来源之一。目前我国垃圾处理处置的方式主要为焚烧和填埋，过程中温室气体的排放主要体现在三个方面：一是垃圾填埋过程中的可生物降解有机物厌氧过程产生的填埋气体，其中包含约 50% 的 CH_4；二是垃圾焚烧处理过程中排放的部分 CO_2；三是垃圾堆肥过程中产生的 CO_2 和 N_2O。

有研究显示，目前垃圾处理处置产生的碳排放已占人为碳排放的 5%，其中绝大多数是垃圾填埋和简易堆放所排放的 CH_4 造成的。CH_4 是仅次于 CO_2 的第二大温室气体，也是对流层臭氧的前体物，会引发严重的健康问题。在 2050 年前减少全球 50% 的 CH_4 排放，是实现《巴黎协定》目标的重要前提之一。

生活垃圾焚烧相对于垃圾填埋来说，避免了垃圾在填埋场堆放和处置过程中分解释放温室气体（主要成分为 CH_4）；同时可利用垃圾焚烧锅炉产生的过热蒸汽供汽轮发电机组发电，从而避免了由火力发电导致的温室气体排放，实现了温室气体减排，因此垃圾焚烧发电项目具备双重温室气体减排功能，具有较为明显的减排效应。

2010—2020 年，我国生活垃圾焚烧无害化处理量逐年增长，垃圾焚烧占生活垃圾无害化处理的比例呈上升趋势（图 4-1）。2021 年，全国生活垃圾无害化处理能力为 105.7 万 t/d，同比增长 9.7%，其中焚烧处理能力占比为 68.1%，垃圾焚烧已成为当前垃圾无害化处理处置的关键技术。

目前，我国的垃圾焚烧处理能力已超过美国、日本和欧盟，跃居世界首位，且仍呈现增长趋势。可以预见，在我国“双碳”目标发展模式下，垃圾焚烧发电行业减量化、无害化、资源化和低碳化的优势将进一步凸显。未来，随着垃圾分类政策的有效实施和垃圾焚烧发电技术的不断进步，垃圾焚烧行业的发展将对我国“双碳”目标的实现做出重要贡献。

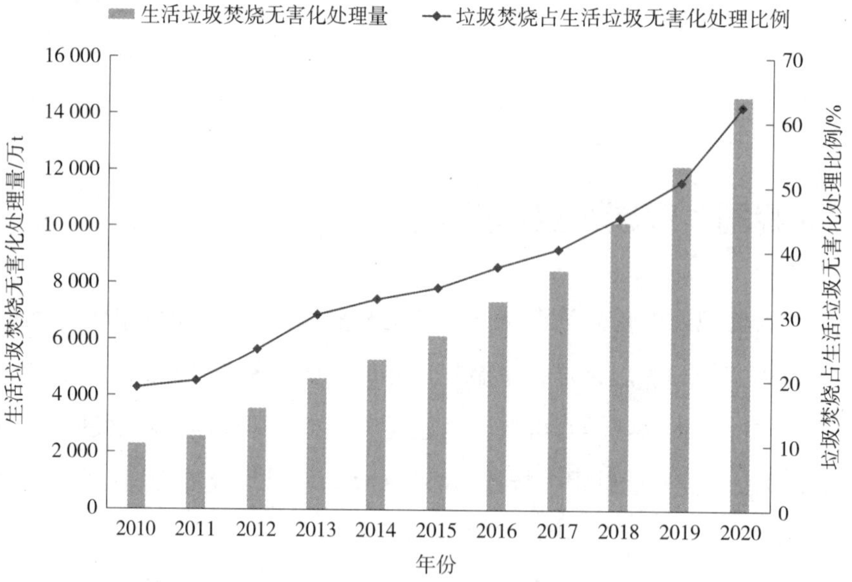

图 4-1　2010—2020 年我国生活垃圾焚烧无害化处理量及占比

4.2　碳排放核算是实现“双碳”目标的基础

碳排放核算是对工业活动向地球生物圈直接或间接排放的温室气体进行监测和计算的过程，是指控排企业按照监测计划对碳排放相关数据进行收集、统计、记录，并按规定的方法进行计算、累加的一系列活动。

碳排放核算可以直接量化碳排放的数据，识别出温室气体的主要排放源，了解各个环节的排放强度，预测未来减排潜力，从而制定应对措施，对“双碳”目标的实现以及碳市场的运行至关重要，是实现“双碳”目标的一项基础性工作和重要前提，对于推进各行业减少碳排放、完善碳排放权交易规则、参与国际碳排放领域交流具有重要的意义。

我国十分重视碳排放核算工作，在碳排放核算方法方面做了大量工作。从国家层面来看，自 1992 年 11 月 7 日全国人民代表大会常务委员会批准《气候公约》以来，我国高度重视负责任大国应尽的国际义务，建立了国家温室气体清单、国家信息通报等碳排放核算制度，于 2004 年、2012 年、2019 年提交了三次国家信息通报，于 2017 年和 2019 年提交了两年更新报告。从地方层面来看，我国于 2011 年印发了《省级温室气体清单编制指南（试行）》，作为各地区碳核算的主要依据。从行业层面来看，2013—2015 年，国家发展改革委发布了《中国发电企业温室气体排放核算方法与报告指南（试行）》《中国电网企业温室气体排放核算方法与报告指南（试行）》等 24 个重点行业企业温室气体排放核算方法，为发电、电网、钢铁生产等行业提供了温室气体核算方法，初步构建起我国温室气体排放核算工作体系，为全国碳市场的运行奠定了基础。

在上述 24 个行业中，未包括垃圾焚烧发电行业。由于垃圾焚烧发电行业具有双重减碳效应，科学、合理地制定其碳排放核算方法对行业高质量发展十分重要。

随着"双碳"目标的提出，各地区、各行业对碳排放核算的需求显著提升，对核算数据的及时性、准确性要求更高，这也凸显出当前我国碳排放核算方法体系滞后等一系列问题，在一定程度上制约了各行业"双碳"工作的推进。

2021 年 10 月 26 日，国务院发布了《2030 年前碳达峰行动方案》，提出要建立统一规范的碳排放统计核算体系和标准体系。核算体系建设将有助于进一步摸清工业行业碳排放现状，为行业主管部门、重点工业企业等提供精确、详细、可比的工业碳排放基础数据，统筹评估碳管理政策实施的成本与碳减排效益，进而提升工业碳管理水平。

2022 年 8 月 19 日，国家发展改革委、国家统计局、生态环境部印发了《关于加快建立统一规范的碳排放统计核算体系实施方案》，指出碳排放核算体系要借鉴国际成熟经验，充分结合我国国情特点，按照急用先行、先易后难的顺序，有序制定各级各类碳排放统计核算方法，做到体系完备、方法统一、形式规范。

因此，建立健全科学、合理、通用的垃圾焚烧发电项目碳排放核算方法，制定垃圾焚烧发电行业温室气体排放评价标准势在必行，是绿色低碳发展的基础。

4.3 有助于促进行业高质量发展

当前，中国特色社会主义进入新时代，我国经济发展也进入新时代，由高速增长阶段转向高质量发展阶段，各行各业都在由规模效益向质量效益转变，处于由大到强历史转变的关键阶段。我国垃圾焚烧发电行业经历了30余年的发展，目前，我国已成为世界垃圾焚烧处理量最大的国家，已投产垃圾焚烧发电厂超过700座，整个行业也处于由规模型发展向高质量发展模式转变的过程，高效、清洁的垃圾焚烧发电厂评定工作已进入实施阶段。

通过垃圾焚烧发电厂碳排放核算，可以清晰地展示焚烧发电过程中各个环节的碳排放强度和碳减排潜力，其是企业节能减排的重要抓手，也是垃圾焚烧发电厂高效、清洁焚烧的基础。

另外，通过碳排放核算可以看出，垃圾焚烧发电厂的主要碳排放源头为垃圾中的塑料、橡胶等物质。垃圾焚烧发电厂碳减排的一个主要措施就是在前端进行垃圾分类，将塑料、橡胶等物质分离并进行循环利用，实现绿色循环经济发展，助力全社会在新发展格局下高质量发展。

4.4 加快垃圾焚烧发电企业参与碳交易进程

碳排放核算是碳交易的基础，为碳减排工作提供量化和合理评价的依据，也是碳中和规划的基础。企业提出碳中和目标都是建立在碳排放量核算的基础上。建立内部的碳排放清单，可准确、清晰地了解自身的碳排放，用以管理及降低整个生产过程的碳排放。

虽然仍不确定垃圾焚烧发电厂能否通过碳交易获得足够的收益以弥补国补退坡带来的损失，但在碳排放交易的大趋势下，垃圾焚烧发电行业必然要参与其中。事实上，目前已有企业通过加强碳资产管理获得了相应的财务收益，而要想将垃圾焚烧发电行业纳入碳交易体系，必须首先制定科学、可操作、通用的垃圾焚烧发电厂碳排放核算方法，尤其是符合我国垃圾焚烧发电行业特点的碳排放核算方法。

5

垃圾焚烧发电厂温室气体产生与排放分析

5.1　垃圾接收与储存系统

我国的生活垃圾含水率高，一般需要在垃圾池内堆存 5～7 d，以便析出垃圾渗滤液和均化垃圾组分，保证焚烧炉的稳定燃烧。因此，垃圾运输车进厂需经检视、称重后驶入垃圾卸料大厅，将垃圾卸入垃圾池暂时分区存储，并对垃圾进行倒料、脱水和混合等操作后再送入焚烧炉焚烧处理。在垃圾接收与储存过程中，存在垃圾发酵产生 CH_4 和垃圾渗滤液收集暂存产生 CH_4 两个温室气体产生环节。

（1）垃圾存储

垃圾池内垃圾中的有机物会发生水解、发酵等生化反应，产生恶臭气体。为使恶臭气体不外逸，垃圾池通常设计成全封闭式。垃圾池内含有恶臭气体的空气被焚烧炉一次风机从垃圾池上部的吸风口吸出，作为燃烧空气送入焚烧炉。在炉内，CH_4 等可燃气体和硫化氢（H_2S）等恶臭污染物被高温氧化和分解，同时垃圾池内形成微负压，防止臭气外逸。可以看出，垃圾在垃圾池发酵过程产生的温室气体（CH_4）连同其他气体一起进入焚烧炉燃烧，转变为 CO_2，其成因为生物质碳，可不计入温室气体排放，垃圾池为微负压，CH_4 泄漏可忽略。因此，垃圾池内因有机物厌氧发酵产生的 CH_4 可不计入温室气体核算范围。

（2）渗滤液收集

垃圾池内设有渗滤液收集导排设施。渗滤液从垃圾池中经分层导排流入渗滤液收集池，再由渗滤液输送泵送至渗滤液处理站统一处理。在渗滤液收集和暂存过程中会产生 CH_4、H_2S 等易爆、有毒气体。为保障生产安全，通常将这些易爆、有毒气体经通风系统送入垃圾池，使它们随一次风进入焚烧炉进行燃烧处理。考虑到温室气体（CH_4）来源于生物质碳，并经焚烧炉燃烧后转变为 CO_2，可不计入温室气体核算范围。

5.2 焚烧系统

垃圾在焚烧炉中进行燃烧，其有机物与氧气（O_2）进行化学反应，产生高温烟气和炉渣，完成垃圾的焚烧过程。垃圾焚烧过程中会产生 CO_2、CH_4、N_2O 等温室气体。垃圾成分复杂，其中的塑料、橡胶、液体溶剂、废油等含有矿物碳的物质燃烧产出的 CO_2，是垃圾焚烧发电厂温室气体排放的主要来源。CO_2 排放量根据焚烧系统碳平衡计算，应进行重点核算，而纸张、厨余、废弃木材等生物质燃烧产生的 CO_2 为生物成因的排放，不计入垃圾焚烧发电厂温室气体排放核算范围。

垃圾焚烧过程中可能存在的不完全燃烧会产生 CH_4。垃圾焚烧炉燃烧控制的燃烧温度（≥850℃）、烟气停留时间（≥2s）、二次风扰动以及过量空气系数既是保证烟气污染物彻底分解的指标，也是保证完全燃烧、减少 CH_4 产生的重要因素。当垃圾燃烧温度较低时，垃圾中的含氮物质会产生 N_2O，N_2O 的生成机理比较复杂，影响因素较多。通常根据不同的焚烧装置，采用 CH_4 排放因子和 N_2O 排放因子估算 N_2O 产量。N_2O 的生成与破坏机理见图 5-1。

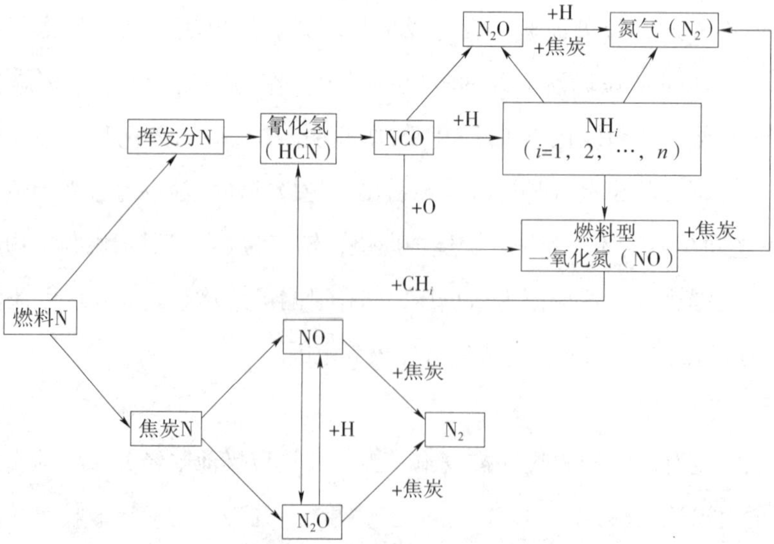

图 5-1 N_2O 生成与破坏机理

此外，垃圾焚烧炉在点火及助燃时使用的化石燃料燃烧也会产生 CO_2。

5.3 烟气净化系统

垃圾焚烧烟气含有氯化氢（HCl）、氟化氢（HF）、硫氧化物（SO_x）、氮氧化物（NO_x）等气体以及重金属、二噁英、飞灰颗粒物等有害物质，必须加以去除后才可排放。我国现行《生活垃圾焚烧污染控制标准》（GB 18485—2014）对垃圾焚烧烟气的排放做出了严格的限制，基本与国际先进水平一致。

垃圾焚烧烟气中酸性污染物（HCl、HF、SO_x）的脱除技术主要有干法、湿法和半干法 3 种，一般是以碱性原料［如 $Ca(OH)_2$］与酸性气体进行中和反应，脱除酸性污染物。

烟气中 90% 左右的 NO_x 是以 NO 的形式存在，脱除技术主要包括选择性非催化还原（SNCR）和选择性催化还原（SCR）两种，还原剂为氨（NH_3）和尿素［$CO(NH_2)_2$］。

烟气中的重金属及二噁英采用活性炭粉末进行吸附，进入后续袋式除尘系统被收集脱除。烟气中颗粒物的脱除主要采用袋式除尘器，采用过滤技术将气体中的固体颗粒物分离脱除。

SNCR 脱硝工艺在控制 NO_x 的同时也会产生一定的 N_2O。SNCR 反应的主要方程式为：

$$2NO+CO(NH_2)_2+\frac{1}{2}O_2 \longrightarrow 2N_2+CO_2+2H_2O \tag{5-1}$$

NO_x 的还原需在特定的温度范围内进行，以提供还原反应所需要的热量。对于以尿素为还原剂的 SNCR 脱硝系统来说，“温度窗口”为 850～1 050℃。此外，根据 SNCR 脱硝反应方程式可知，其需要保持一定的氨氮摩尔比（NSR），理论上 NSR 为 1.0，而实际上为保持较高的脱硝效率，通常会提高 NSR，从而导致氨逃逸。

SNCR 反应过程中存在 N_2O 生成的副反应：

$$CO(NH_2)_2 \longrightarrow NH_3+HNCO \tag{5-2}$$

$$HNCO+OH \longrightarrow H_2O+NCO \tag{5-3}$$

$$NCO+NO \longrightarrow N_2O+CO \tag{5-4}$$

$$NH_3+OH \longrightarrow NH_2+H_2O \tag{5-5}$$

$$NH_2+OH \longrightarrow NH+H_2O \tag{5-6}$$

$$NH+NO \longrightarrow N_2O+H \tag{5-7}$$

SNCR 反应过程中烟气温度的波动和 NSR 控制不当将导致 N_2O 的生成量明显提高。

有研究表明，在反应温度为 950℃、NSR 为 1.0～1.5 时，N_2O 的生成量为 50～60 ppm。以 N_2O 相当于 300 倍的 CO_2 进行折算，则相当于增加 1.5%～1.8% 的 CO_2 排放量。

在 SCR 工艺中，N_2O 也是常见的副产物。SCR 过程中主反应方程式为：

$$4NH_3+4NO+O_2 \longrightarrow 4N_2+6H_2O \tag{5-8}$$

$$4NH_3+2NO_2+O_2 \longrightarrow 3N_2+6H_2O \tag{5-9}$$

生成副产物 N_2O 的反应为：

$$4NH_3+4NO+3O_2 \longrightarrow 4N_2O+6H_2O \tag{5-10}$$

$$4NH_3+O_2 \longrightarrow 2N_2O+6H_2 \tag{5-11}$$

垃圾焚烧 SCR 工艺主要为中低温 SCR，运行温度低于 300℃，过程中 N_2O 的主要来源为 NH_3-SCR 脱硝反应，而非 NH_3 氧化。

SCR 工艺过程中，N_2O 的生成量在一定程度上受反应温度和催化剂的组成影响。N_2O 的生成量随温度的升高而增加，但在中低温（小于 300℃）条件下增量较少。对于催化剂组成而言，主要是受活性组元类型影响，锰基催化剂由于其过强的氧化性，更易生成 N_2O；其次，受添加剂组成影响，Ce 等碱性位点助剂的添加对 N_2O 生成抑制效果较好。

5.4 渗滤液处理系统

我国垃圾含水率高，因此垃圾在收运、储存过程中因挤压、水解、发酵等作用会产生一定量的渗滤液，这是一种含有多种污染物的高浓度有机废水，处理难度较大。现阶段垃圾焚烧发电厂普遍配套建设一定规模的渗滤液处理站。渗滤液处理方法以生物法为主，物化法为辅，其中生物处理阶段会产生较多的温室气体。厌氧阶段以 CH_4 产生为主，硝化反硝化过程则以 N_2O 产生为主。

生物处理单元包含厌氧处理、缺氧（反硝化）处理和好氧（硝化）处理。生物处理的主要目的是去除渗滤液中的大部分有机污染物和含氮污染物。

（1）渗滤液处理工艺流程

渗滤液处理典型工艺流程见图 5-2。

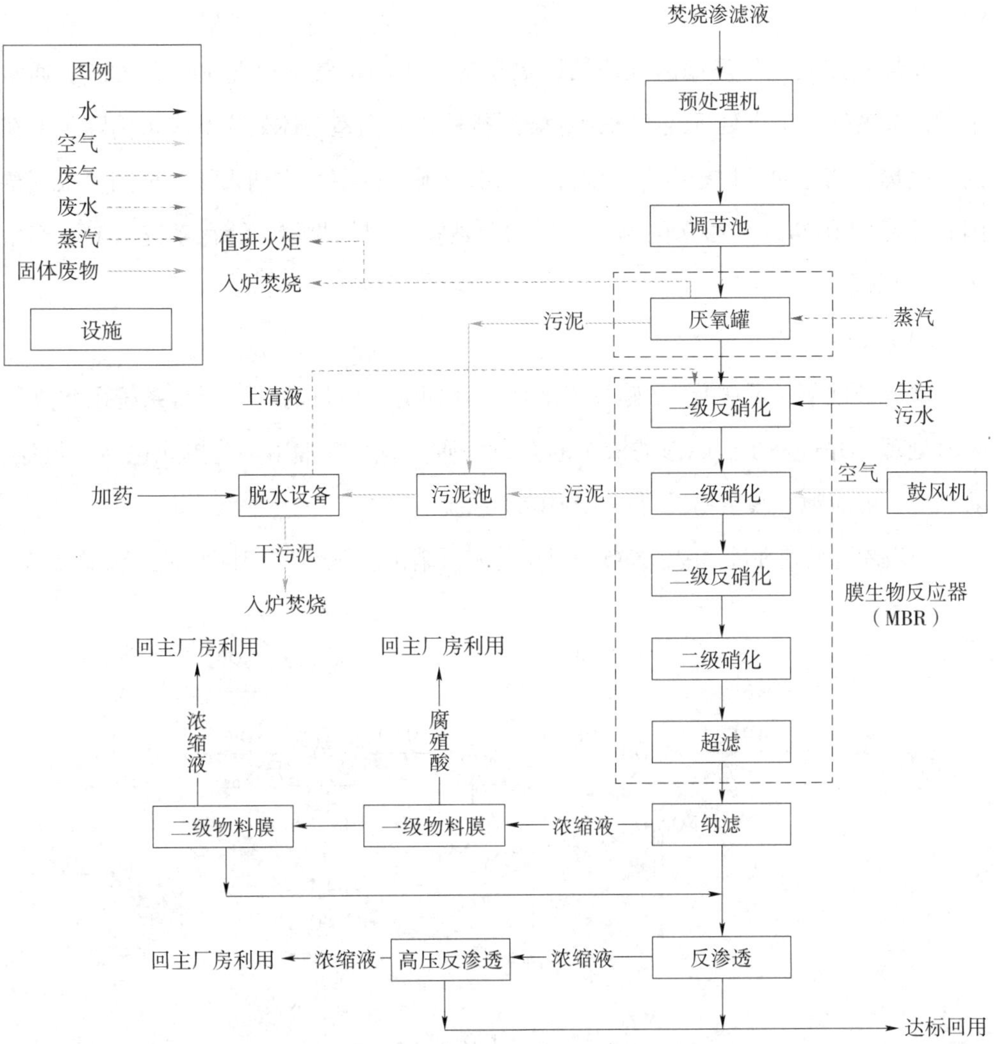

图 5-2　渗滤液处理典型工艺流程

（2）CO_2 排放

渗滤液生物处理过程中，有机物在水解、酸化的过程中会分解并产生 CO_2，因其为生物碳来源，在渗滤液处理系统温室气体排放核算中不将其纳入核算范围。

（3）CH_4 排放

渗滤液厌氧生物处理的主要目的是去除渗滤液中大部分有机物。厌氧过程中微生物分解有机物的同时会将水中部分有机物转化为 CH_4，产生沼气，并提高渗滤液中有机物的可生化性。厌氧反应器可选用升流式厌氧污泥床反应器、升流式厌氧生物滤池反应器、内循环厌氧反应器等。通常每降解 1 kg COD 可产生 0.25 kg 的 CH_4。

垃圾焚烧发电厂渗滤液处理站厌氧反应产生的沼气（约含 50% 的 CH_4）通常采用回喷焚烧炉助燃处理或经火炬燃烧后排放，其温室气体效应基本可消除，但在沼气收集、储存的过程中会存在泄漏，这部分泄漏的沼气应纳入核算范围。根据德国联邦环境署 2021 年报送的温室气体清单数据，沼气收集、储存系统一般会产生 5% 的泄漏量。

（4）N_2O 排放

渗滤液缺氧（反硝化）/ 好氧（硝化）处理的主要目的是对厌氧系统出水进行脱氮处理，并进一步去除渗滤液中的有机物质。该系统常用工艺单元包括厌氧池、缺氧池、好氧池和膜生物反应器（MBR）系统。

垃圾渗滤液处理过程中，N_2O 通过硝化和反硝化过程产生，其产生路径见图 5-3。

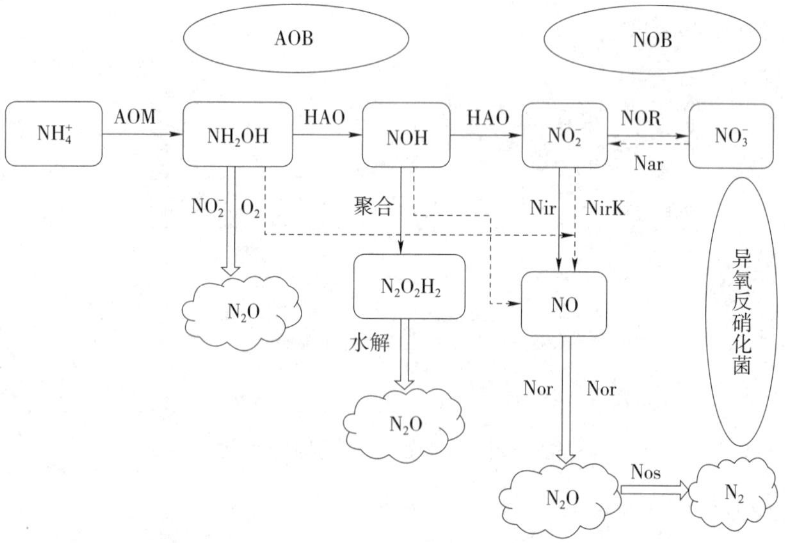

图 5-3　N_2O 产生过程

图 5-3 展示了在生物脱氮的硝化和反硝化过程中，会产生副产物 N_2O，虽然这部分 N_2O 产生量较小，但由于 N_2O 的温室效应潜势较大，也应纳入核算范围。

《IPCC 国家温室气体清单指南》给出了污水处理厂 N_2O 排放计算方法，而垃圾渗滤液特性与市政污水差别巨大，IPCC 提供的 N_2O 排放因子并不适用于我国垃圾焚烧发电厂渗滤液处理过程中的 N_2O 排放核算，国内学者的研究也证明垃圾渗滤液处理 N_2O 排放强度要高于市政污水处理。

5.5　SF_6 排放

SF_6 在常温常压下是一种无色、无臭、无毒、不可燃的气体。SF_6 具有独特、稳定的正八面体分子结构，其化学性能极其稳定，并具有良好的绝缘性能和灭弧性能，被广泛应用于电气设备，如断路器、高压开关、高压变压器、气封闭组合电容器、高压传输线、互感器等。

SF_6 在大气中的寿命约为 3 200 年，具有很强的吸收红外辐射的能力，如以 100 年为基线，其潜在的温室效应为 CO_2 的 2.39 万倍。考虑到 SF_6 具有较强的温室效应，1997 年通过的《京都议定书》明确规定 SF_6 为需要减排的 6 种主要温室气体之一。

在垃圾焚烧发电厂中，升压站的高压气体绝缘金属封闭开关设备（GIS）是主要的 SF_6 使用设备，一个处理能力为 1 200 t/d 的垃圾焚烧发电厂 GIS 的 SF_6 充装量为 300～500 kg。由于 GIS 存在 SF_6 泄漏，因此也存在温室气体排放。

5.6　其他间接排放

垃圾焚烧发电厂启动、取水等过程需消耗外部电力，同时生产过程中会消耗消石灰、水泥、尿素等物料，这些过程均会间接产生温室气体排放。

6

碳排放量主要核算方法和标准体系

1997 年 12 月通过的《京都议定书》为 38 个工业化国家规定了温室气体减排义务，允许这些国家通过国际排放贸易机制、联合履行机制和清洁发展机制来灵活选择成本较低的减排方式。由此，以清洁发展机制为代表的碳排放交易机制获得了快速发展。

碳排放交易机制的运行促使碳排放核算方法和标准逐渐建立和完善起来。目前国际上较为通用的碳排放核算方法主要有投入产出（Input-Output，I-O）法、生命周期评价（Life Cycle Assessment ，LCA）法和 IPCC 计算方法，并形成了《温室气体—产品的碳排放量—量化和信息交流的要求与指南》（ISO/TS 14067）、《商品和服务在生命周期内的温室气体排放评价规范》（PAS 2050：2008）等标准体系。

6.1　主要碳排放核算方法

6.1.1　投入产出法（I-O 法）

I-O 法最早由美国经济学家华西里・列昂惕夫提出，用于研究经济系统各部门间的投入与产出关系，是一种成熟的经济分析方法。利用 I-O 法可以对工业部门、企业、团体组织等进行碳排放核算，通过平衡方程反映初始投入、中间投入、总投入、中间产品、最终产品、总产出之间的关系，也可反映出各个生产活动和经济主体之间的相互依存关系。

I-O 法的一个优点是能利用投入产出的信息，计算出经济变化对环境产生的直接影响和间接影响。该方法的局限性在于依据货币价值和物质单元之间的联系建立计算模型，而相同价值量的产品在生产过程中所产生的碳排放可能差别很大，因此碳排放估算结果偏差可能很大。另外，该方法是按部门来计算碳排放量，而同一部门内部可能会包含许多不同的产品，这些产品的碳排放量可能存在较大的差别，在计算时采用平均化的方法很容易产生误差。

6.1.2 生命周期评价法（LCA 法）

LCA 法的概念源于 1990 年国际环境毒理与化学学会（SETAC）召开的有关 LCA 的国际研讨会，该会议将 LCA 定义为：通过对能量和物质利用及由此造成的环境排放进行辨识和量化来进行的，对产品、过程以及活动的环境影响进行评价的客观过程。LCA 法包括产品的整个生命周期，如原材料的获取与加工、产品制造、运输与销售、产品的使用与维护、循环利用和最终废弃处置各个阶段，是一种从“摇篮”到“坟墓”的计算方法。LCA 法计算过程比较详细和准确，目前主要应用于产品或服务的碳排放核算。英国标准协会颁布的《商品和服务在生命周期内的温室气体排放评价规范》（PAS 2050：2008）就是采用 LCA 法制定的。

LCA 法的缺点是在无法得到原始数据的情况下采用次级数据，会影响计算的准确性；缺乏对原材料生产过程和部件供应链中的碳排放研究；缺少产品使用过程中的碳排放数据。

6.1.3 IPCC 计算方法

IPCC 计算方法源自联合国政府间气候变化专门委员会编写的《IPCC 国家温室气体清单指南》，它提供了计算温室气体排放的详细方法，已成为国际上公认和通用的碳排放评估核算方法。

IPCC 计算方法将研究对象分为能源部门、工业过程和产品使用部门、农林和土地利用变化部门、废弃物处置部门四大部门。能源部门是温室气体排放的主要部门，一般占 CO_2 排放量的 90% 以上和温室气体排放总量的 75% 左右。工业过程和产品使用部门指从工业过程、产品使用过程中产生的温室气体排放。农林和土地利用变化部门指农田 N_2O 排放、动物消化道 CH_4 排放等。废弃物处置部门是指固体废物焚烧及生物处理、露天焚烧、废水处理和排放等过程中产生的 CO_2、CH_4 和 N_2O。

在 IPCC 计算方法中，针对不同部门，碳排放的计算方法不完全相同，但其基本原则为使用活动数据与排放因子相乘来获得碳排放总量。由于生产工艺、地域分布和技术水平的差异，各国的排放因子往往不同，IPCC 给出了较为粗略的数值和缺省值，为使用者提供了可操作的公式和数据，但计算的准确性有待提高。

6.2 国际上碳排放核算相关标准

在碳排放核算标准方面，国际相关标准主要有国际标准化组织（ISO）系列标准、世界可持续发展工商理事会（World Business Council for Sustainable Development，WBCSD）与世界资源研究所（World Resources Institute，WRI）发布的 GHG Protocol 系列标准、英国标准协会（British Standards Institution，BSI）的协会标准等。

国际上将碳排放评价标准分为两个层面：一个是基于企业或组织层面；另一个是基于产品和服务层面。

对于企业或组织层面，碳足迹核算常用的标准有 GHG Protocol（2004）、ISO 14064-1：2108。其中，GHG Protocol（2004）针对企业层面碳足迹核算提供了较为详细的指导和说明，应用广泛。ISO 14064-1：2108 对组织层面的碳足迹核算提供了一般指导和要求，与 GHG Protocol（2004）一致。

对于产品层面的碳足迹核算，国际上广泛运用的标准为 PAS 2050：2008、GHG Protocol（2011）和 ISO 14067：2018。其中 PAS 2050：2008 是第一个产品碳足迹核算标准，已经被世界范围内很多公司所应用，并在 2011 年进行了更新，更新后的版本针对产品碳足迹核算提供了更加详细的要求和指导。GHG Protocol（2011）在 2010 年已经被 60 家公司测试过，2011 年正式发布。该标准提供的碳足迹核算相关要求和指导最为详细。ISO 14067：2018 被认为是更具普遍性的标准，提供了最基本的要求和指导。

表 6-1　碳排放核算相关国际标准

标准	应用层面	发布单位
IPCC 国家温室气体清单指南	国家	IPCC
GHG Protocol（2004）	企业或组织	WRI
ISO 14064-1：2006	企业或组织	ISO
PAS 2050：2008	产品	BSI
GHG Protocol（2011）	产品	WRI
ISO 14067：2012	产品	ISO

6.3　我国现有碳排放核算标准

由于《IPCC 国家温室气体清单指南》是从全球范围进行考虑，其中缺少必要的具体数值和细节方法。为加强我国温室气体排放清单编制工作，国家发展改革委应对气候变化司组织国家发展改革委能源研究所、清华大学、中科院大气所、中国农科院环发所、中国林科院森环森保所、中国环科院气候中心等单位的专家，在参考《IPCC 国家温室气体清单指南》相关核算方法理论的基础上，编写了《省级温室气体清单编制指南（试行）》（以下简称《省级清单》），旨在加强省级清单编制的科学性、规范性和可操作性，为编制方法科学、数据透明、格式一致、结果可比的省级温室气体清单提供了有益指导，并在广东、湖北、天津等 7 个省（市）进行试点。《省级清单》是对我国省级区域内一切活动排放和吸收的温室气体相关信息的汇总，与《IPCC 国家温室气体清单指南》一样是按部门划分，分为能源活动、工业生产过程、农业、土地利用变化和林业、废弃物处理，其中废弃物处理部分包含垃圾焚烧发电行业核算方法与相关排放因子。与《IPCC 国家温室气体清单指南》相比，《省级清单》中的一些排放因子结合我国国情进行了修正，但仍与我国垃圾焚烧发电厂实际情况有较大差距，如未给出渗滤液处理站碳排放计算方法等。

《省级清单》规范了省级温室气体清单编制的方法和范围。近年来，广东、浙江、四川、重庆等地区均发布了地方温室气体清单编制指南，这些指南采用的方法基本源自《IPCC 国家温室气体清单指南》。

此外，我国企业层面的碳核算标准包括工信部发布的《石油化工生产企业 CO_2 排放量计算方法》（SH/T 5000—2011）、《合成氨生产企业二氧化碳（CO_2）排放量计算方法》（HG/T 4487—2012）和《化工企业水网络系统二氧化碳（CO_2）排放量计算方法》（HG/T 4820—2015）等。2016 年，中华人民共和国国家质量监督检验检疫总局、中国国家标准化管理委员会发布了《工业企业温室气体排放核算和报告通则》（GB/T 32150—2015），在此基础上，又陆续发布了 GB/T 32151 系列标准，规范了企业温室气体排放核算与报告要求，涉及行业包括发电企业、电网企业、镁冶炼企业、铝冶炼企业、钢铁生产企业、民用航空企业、平板玻璃生产企业、水泥生产企业、陶瓷生产企业、化工生产企业、煤炭生产企业、纺织服装企业。

但目前，关于我国垃圾焚烧发电行业的碳排放量和详细的碳核算方法大多基于 IPCC 计算方法制定，对我国垃圾焚烧发电行业的针对性和可操作性不强，仍缺乏翔实的数据支撑和核算方法研究，不利于行业未来的整体规划与发展。因此，研究一种科学、合理、通用的垃圾焚烧发电行业碳排放核算方法是非常必要的。

7

垃圾焚烧发电厂碳排放核算方法与技术

本书的碳排放核算方法是基于 IPCC 计算方法，结合投入产出法和我国垃圾焚烧发电厂工艺特点而制定的。

7.1　适用范围、工作程序与核算方法

7.1.1　适用范围

本书提出的碳排放核算方法适用于垃圾焚烧发电厂温室气体排放量的核算。从事垃圾焚烧发电的企业可按照本方法核算企业的温室气体排放量并编制企业温室气体排放报告。如果垃圾焚烧发电企业除电力生产外还存在其他产品生产活动且存在温室气体排放，则应参照相关行业企业的温室气体排放核算指南。

本书的碳排放核算边界不包括对垃圾收集、转运以及炉渣运输、填埋环节的碳排放的核算。

7.1.2　工作程序与核算方法

垃圾焚烧发电厂温室气体排放核算工作包括核算边界和排放源确定、数据收集和处理、化石燃料燃烧排放核算、垃圾焚烧排放估算、乙炔吹灰排放核算、渗滤液处理过程排放估算、购入电力排放核算、其他间接排放估算、生产数据信息获取、排放总量计算、定期报告、信息公开和数据质量管理。工作程序见图 7-1。

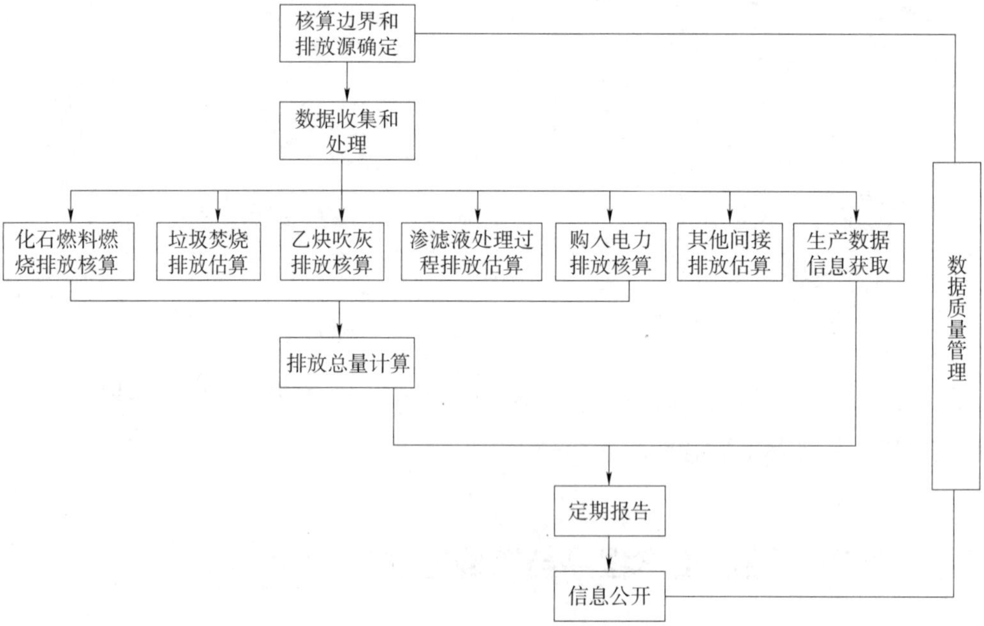

图 7-1　工作程序

垃圾焚烧发电企业可按以下步骤核算温室气体排放量。

（1）确定报告主体的核算边界。

（2）识别企业所涵盖的温室气体排放源类别及气体种类。

（3）选择相应的温室气体排放量计算公式。

（4）制订监测计划，收集活动数据和排放因子数据。

（5）将收集的数据代入计算公式，得到各个排放源的温室气体排放量。

（6）汇总计算企业温室气体排放总量。

（7）生产数据信息获取，包括入厂垃圾量、入炉垃圾量、渗滤液处理量、发电量、上网电量、供热量、运行小时数、飞灰稳定化物产量、炉渣产量等生产信息和数据。

（8）定期报告。按照规定的内容和格式撰写企业温室气体排放报告，并报送相关支撑材料。

（9）信息公开。定期公开温室气体排放报告相关信息，接受社会监督。

（10）数据质量管理。明确实施温室气体数据质量管理的一般要求。数据包括所用方法和数据源（如垃圾采样和组分分析资料、调查资料和排放因子参数）的记录。本书提供了缺省数据，仅当特定垃圾焚烧发电厂数据不可获得时，才可使用缺省数据。

7.2 核算边界与主要排放源

7.2.1 核算边界

核算边界为垃圾焚烧发电厂红线范围内所有的生产设施产生的温室气体，包括垃圾焚烧、烟气净化、余热发电、灰渣处理、渗滤液处理和公用设施（动力、供电、供水、采暖、制冷、机修、化验、仪表、仓库、运输）等系统（图 7-2）。

7.2.2 主要排放源

在《省级清单》中，固体废物焚烧处理温室气体排放仅考虑 CO_2 排放量，而我国的生活垃圾含水率高，垃圾焚烧发电厂普遍配套建设一定规模的垃圾渗滤液处理站。在渗滤液处理过程中，CH_4 的泄漏和 N_2O 的排放也不容忽视，故本书考虑 CO_2、CH_4 和 N_2O 三种温室气体进行温室气体核算。温室气体产生量包括垃圾处理过程中温室气体的直接排放和电力、消耗品等产生的间接排放。

2020 年，生态环境部发布了《碳排放权交易管理办法（试行）》，其中规定，温室气体包括 CO_2、CH_4、N_2O、HFCs、PFCs、SF_6 和 NF_3 共 7 种气体。为了合理评估各温室气体的排放量，可采用全球变暖潜能值（GWP）。GWP 是指某一给定物质在一定时间范围内与 CO_2 相比而得到的相对辐射影响值，用于评价各种温室气体对气候变化影响的相对能力。可将不同的温室气体通过 GWP 换算成 CO_2 当量值（表 7-1）。

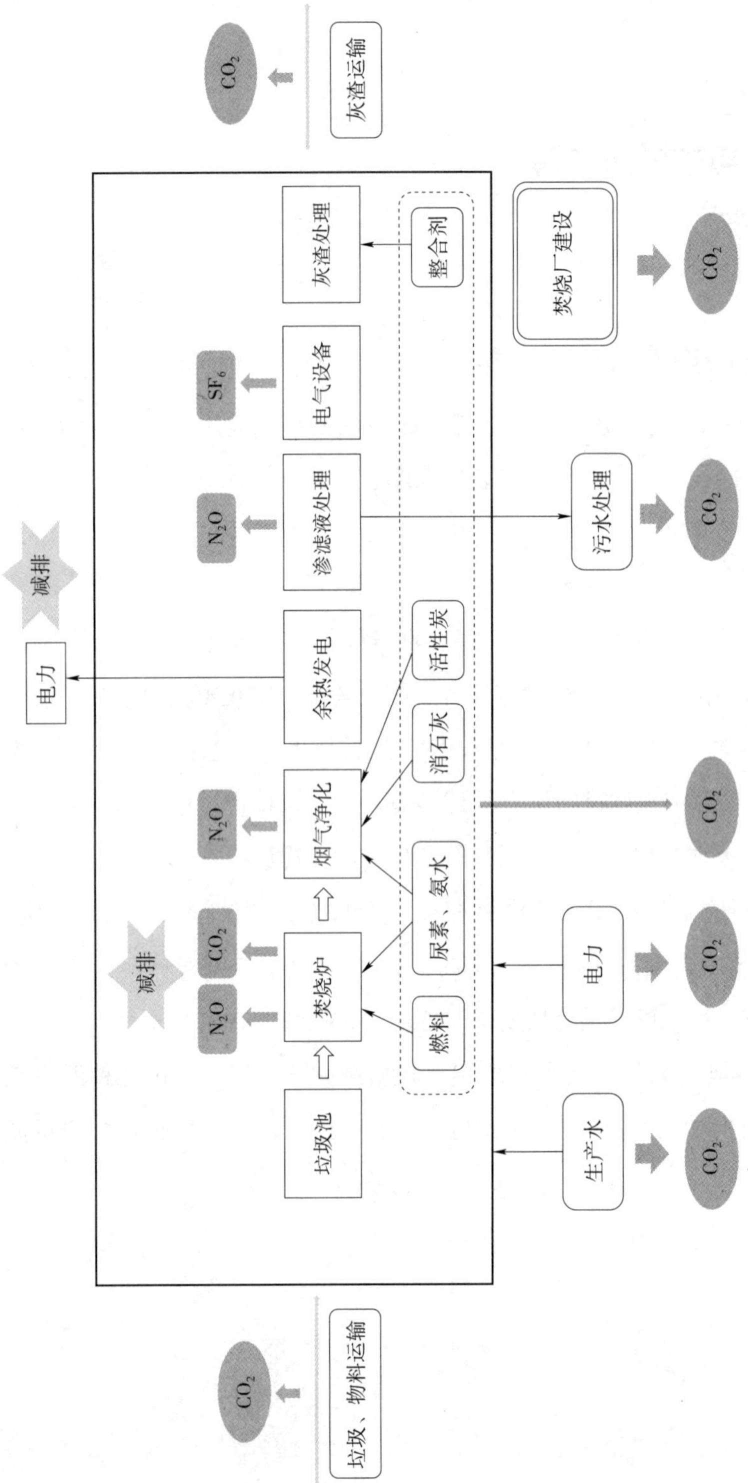
垃圾、物料运输
CO_2
垃圾池
焚烧炉
烟气净化
余热发电
渗滤液处理
电气设备
灰渣处理
N_2O
CO_2
减排
N_2O
电力
减排
N_2O
SF_6
燃料
尿素、氨水
消石灰
活性炭
整合剂
生产水
CO_2
电力
CO_2
CO_2
污水处理
CO_2
焚烧厂建设
CO_2
灰渣运输
CO_2

图 7-2 核算边界

表 7-1　温室气体的 GWP

气体名称	GWP（100 年）		
	IPCC 第二次评估报告	IPCC 第四次评估报告	IPCC 第五次评估报告
CO_2	1	1	1
CH_4	21	25	28
N_2O	310	298	265
HFCs	—	—	—
HFC-23	11 700	14 800	12 400
HFC-32	650	675	677
HFC-125	2 800	3 500	3 170
PFCs	—	—	—
CF_4	6 500	7 390	6 630
C_2F_6	9 200	12 200	11 100
SF_6	23 900	22 800	23 500
NF_3	—	17 200	16 100

数据来源：IPCC 评估报告（www.ipcc.ch）。

垃圾焚烧发电厂温室气体排放核算和报告范围包括化石燃料（煤、石油、天然气等）燃烧产生的排放、垃圾焚烧产生的排放、乙炔吹灰产生的排放、渗滤液等废水处理过程产生的排放、购入电力产生的间接排放以及其他间接排放。

（1）化石燃料燃烧产生的排放

一般包括用于垃圾焚烧炉点火及辅助燃料燃烧使用的煤、石油、天然气等化石燃料燃烧产生的 CO_2 排放，以及现场生产车辆使用的汽油（柴油）产生的 CO_2 排放。垃圾焚烧发电厂内食堂等生活设施消耗化石燃料产生的排放不计入核算范围。

（2）垃圾焚烧产生的排放

垃圾成分复杂，但只有垃圾中的矿物碳（如塑料、纺织物、橡胶、液体溶剂和废油等）在焚烧氧化过程产生的 CO_2 排放被视为净排放，纳入 CO_2 排放估算范围，这是垃圾焚烧发电设施最主要的 CO_2 排放来源。垃圾中所含的生物质材料（如纸张、食品和木材等）燃烧产生的 CO_2 排放是生物成因的排放，对大气的影响是中性的，因此不纳入排放总量估算范围。

垃圾不完全燃烧会产生 CH_4，焚烧和烟气净化过程会产生 N_2O，但 N_2O 排放的机理和过程比较复杂，主要取决于处理类型和处理条件。焚烧过程产生的 CH_4 和 N_2O 排放量较小。

（3）乙炔吹灰产生的排放

国内许多垃圾焚烧发电厂采用乙炔爆破法进行锅炉吹灰，能够大范围地对锅炉受热面积灰进行清理，并且这种吹灰的方式比较便捷，工作的时效短，吹灰的效果也比较理想。其原理是乙炔与空气混合，经高能点火爆燃后，生成 CO_2 和水，并释放出热量。

（4）渗滤液等废水处理过程产生的排放

垃圾焚烧发电厂渗滤液具有氨氮含量高、有机污染物浓度高、含盐量高、组分复杂、水质水量变化幅度大等特点。渗滤液在处理过程中会产生 CH_4 和 N_2O，尽管 CH_4 送至焚烧炉燃烧，但其产生和输送过程会有一定泄漏，从而产生 CH_4 的排放。

（5）购入电力产生的间接排放

垃圾焚烧发电厂在启动、检修期间从电网购入电量会产生温室气体的间接排放。

（6）其他间接排放

其他间接排放是指除购入电力之外，垃圾焚烧发电厂生产运营所需的水、消石灰等消耗品和服务引起的排放，包括消耗品生产和运输的排放、垃圾收运的排放、灰渣运输和处置的排放等。

SF_6 具有优异的绝缘性能和良好的灭弧性能，在高压开关断路器及 GIS 得到广泛使用。《省级清单》只报告电力设备生产环节和安装环节的 SF_6 排放，暂不报告电力设备使用环节和报废环节的 SF_6 排放。经测算，在垃圾焚烧发电厂内，由 SF_6 泄漏引起的温室气体排放量较小，因此本书也按《省级清单》的原则，暂不考虑 SF_6 排放。

垃圾焚烧发电厂温室气体排放源见表 7-2。

表 7-2 垃圾焚烧发电厂温室气体排放源

分类		排放源	气体	备注
直接排放	化石燃料燃烧排放	焚烧炉	CO_2	点火、助燃
		移动源	CO_2	现场生产车辆
	垃圾储存排放	垃圾池	CH_4	垃圾仓为负压，臭气送至焚烧炉，以 CO_2 形式排放，为生物成因，不纳入排放总量计算范围
	垃圾焚烧排放	焚烧炉	CO_2、CH_4、N_2O	矿物碳燃烧产生
	烟气净化	SNCR、SCR	N_2O	脱硝反应副产品
	乙炔吹灰排放	余热锅炉	CO_2	—
	废水处理排放	渗滤液处理站	CH_4、N_2O	厌氧处理、曝气处理
间接排放	外购电力排放	—	CO_2	—
其他间接排放	消耗品的上游排放	—	CO_2	水、消石灰、活性炭、点火油等消耗品生产和运输导致的排放
	生产设施排放	变压器	SF_6	—
	垃圾收运的排放	运输车辆	CO_2	—
	灰渣运输和处置的排放	运输车辆	CO_2	—

7.3 数据收集与处理

7.3.1 数据收集

垃圾焚烧发电厂温室气体排放计算过程较为复杂，需要大量数据支持，企业应对运营过程的运行数据进行收集和记录，包括但不限于以下数据：

（1）垃圾量、垃圾成分、发电量、上网电量、消耗品数量、渗滤液量、炉渣产量、飞灰产量等，并且所有数据序列应按月度或季度进行收集和记录。

（2）需要特别注意的是，垃圾成分会因城市而异，同一城市也会因收运范围、收运季节等的不同而有所差异。为合理确定垃圾中生物碳与矿物碳的比例，应定期按月度或季度对入厂垃圾进行检测分析，检测内容包括物料成分、化学元素、热值、含水率、灰分等。

（3）排放因子相关数据的收集，应遵循与活动数据一致的原则。

7.3.2 数据质量管理

加强温室气体数据质量管理工作，包括但不限于：

（1）建立企业温室气体排放核算与报告的规章制度，包括负责机构和人员、工作流程和内容、工作周期和时间节点等；指定专职人员负责企业温室气体排放核算与报告工作。

（2）根据各种类型的温室气体排放源的重要程度，进行等级划分，并建立企业温室气体排放源一览表，对于不同等级的排放源的活动数据和排放因子数据的获取提出相应的要求。

（3）对现有监测条件进行评估，不断提高自身监测能力，并制订相应的监测计划，包括对活动数据的监测和对燃料低位发热量、垃圾成分等参数的监测；定期对计量器具、检测设备和在线监测仪表进行维护管理，并记录存档。

（4）建立健全温室气体数据记录管理体系，包括数据来源、数据获取时间以及相关责任人等信息的记录管理。

（5）建立企业温室气体排放报告内部审核制度。定期对温室气体排放数据进行交叉校验，对可能产生的数据误差风险进行识别，并提出相应的解决方案。

7.4 碳排放量核算方法

7.4.1 概述

垃圾焚烧发电厂的温室气体排放总量等于项目核算范围内所有生产系统的化石燃料燃烧排放量、垃圾焚烧过程的排放量、乙炔吹灰的排放量、渗滤液等废水处理过程的排放量、购入电力的间接排放量以及其他间接排放量之和，按式（7-1）计算。

$$E_{总}=E_{燃料}+E_{垃圾}+E_{乙炔}+E_{渗滤液}+E_{电}+E_{其他} \tag{7-1}$$

式中：$E_{总}$——企业核算期温室气体排放总量，t CO_2e；

$E_{燃料}$——企业消费化石燃料的温室气体排放量，t CO_2e；

$E_{垃圾}$——垃圾在焚烧炉中燃烧过程的温室气体排放量，t CO_2e；

$E_{乙炔}$——使用乙炔吹灰导致的温室气体排放量，t CO_2e；

$E_{渗滤液}$——渗滤液处理过程的温室气体排放量，t CO_2e；

$E_{电}$——企业购入电力的间接温室气体排放量，t CO_2e；

$E_{其他}$——企业经营中所需消耗品（生产水、消石灰 / 生石灰、尿素、氨水、螯合剂等）的上游排放（电力除外）和灰渣运输处置的下游排放，t CO_2e。

在核算过程中，企业可根据数据的可获得情况进行全部或部分估算并说明范围和数据来源。

7.4.2　化石燃料燃烧

（1）计算公式

化石燃料燃烧导致的 CO_2 排放是项目核算期内点火、助燃及其他排放源使用化石燃料产生的 CO_2 排放以及现场生产车辆燃料燃烧产生的 CO_2 排放的加和，按式（7-2）计算。

$$E_{燃料}=\sum_{i=1}^{n}(\mathrm{AD}_i\times\mathrm{EF}_i)\times\mathrm{GWP}_{CO_2} \tag{7-2}$$

式中：$E_{燃料}$——核算和报告期内化石燃料燃烧产生的 CO_2 排放量，t CO_2e；

AD_i——核算和报告期内第 i 种化石燃料的活动水平，GJ；

EF_i——第 i 种化石燃料的 CO_2 排放因子，t CO_2e/GJ；

GWP_{CO_2}——CO_2 全球变暖潜势，取值为 1；

i——化石燃料类型代号。

（2）活动数据

燃料燃烧的活动水平是核算和报告期内各种燃料的消耗量与平均低位发热量的乘积，按式（7-3）计算。

$$\mathrm{AD}_i=\mathrm{NCV}_i\times\mathrm{FC}_i \tag{7-3}$$

式中：AD_i——核算和报告期内第 i 种化石燃料的活动水平，GJ。

NCV_i——核算和报告期内第 i 种燃料的平均低位发热量。对于固体或液体燃料，GJ/t；对于气体燃料，GJ/ 万 m^3。

FC_i——核算和报告期内第 i 种燃料的净消耗量，采用企业计量数据，相关计量器具应符合《用能单位能源计量器具配备和管理通则》（GB 17167—2006）要求。对于固体或液体燃料，t；对于气体燃料，万 m^3。

燃料消耗量：化石燃料的消耗量可根据企业能源消费台账或统计报表来确定，应按照以下优先级进行选取，在之后各个核算期间的获取优先顺序不应降低。

①生产系统记录的数据；

②购销存台账中的数据；

③供应商提供的结算凭证数据。

低位发热量：燃料低位发热量的测定应遵循《煤的发热量测定方法》（GB/T 213—2008）、《天然气能量的测定》（GB/T 22723—2008）等相关标准，其中煤炭应在每批次燃料入厂时或每月进行一次检测，以燃料入厂量或月消费量加权平均作为该燃料品种的低位发热量；油品可在每批次燃料入厂时或每季度进行一次检测，取算术平均值作为该油品的低位发热量；天然气等气体燃料可在每批次燃料入厂时或每半年进行一次检测，取算术平均值作为低位发热量。没有燃料发热量实测条件的企业宜参考表 7-3 的推荐值。

（3）排放因子

燃料燃烧的 CO_2 排放因子按式（7-4）计算。

$$EF_i = CC_i \times OF_i \times \frac{44}{12} \tag{7-4}$$

式中：EF_i——第 i 种燃料的 CO_2 排放因子，t CO_2e/GJ；

CC_i——第 i 种燃料的单位热值含碳量，t C/GJ，宜参考表 7-3；

OF_i——第 i 种化石燃料的碳氧化率，%，宜参考表 7-3；

$\frac{44}{12}$——从 C 到 CO_2 的转换系数。

表 7-3 常用化石燃料相关参数的推荐值

燃料品种		计量单位	低位发热量 /（GJ/t）或（GJ/ 万 m^3）	单位热值含碳量 /（t C/GJ）	燃料碳氧化率 /%
固体燃料	无烟煤	t	20.934	0.027 4	94
	烟煤	t	19.57	0.026 1	93
	褐煤	t	11.9	0.028	96
	洗精煤	t	26.334	0.025 41	90
	其他洗煤	t	12.545	0.025 41	90
	其他煤制品	t	17.46	0.033 6	90
	石油焦	t	32.5	0.027 5	100
	焦炭	t	28.435	0.029 5	93
液体燃料	原油	t	41.816	0.020 1	98
	燃料油	t	41.816	0.021 1	98
	汽油	t	43.07	0.018 9	98
	柴油	t	42.652	0.020 2	98
	煤油	t	43.07	0.019 6	98
	液化天然气	t	44.2	0.017 2	98
	液化石油气	t	50.179	0.017 2	98
	焦油	t	33.453	0.022	98
气体燃料	炼厂干气	t	45.998	0.018 2	98
	焦炉煤气	10^4 m^3	179.81	0.013 58	99
	高炉煤气	10^4 m^3	33	0.070 8	99
	转炉煤气	10^4 m^3	84	0.049 6	99
	其他煤气	10^4 m^3	52.27	0.012 2	99
	天然气	10^4 m^3	389.31	0.015 3	99

数据来源：①《中国能源统计年鉴 2020》；②《省级温室气体清单编制指南（试行）》。

（4）核算步骤

第一步：获取核算期内燃煤、柴油、汽油、天然气等化石燃料消耗数据。

第二步：确定活动数据和排放因子。根据资料或检测获取燃料低位发热量和单位热值含碳量，也可根据表 7-3 获取，然后查表 7-3 获取燃料碳氧化率，根据式

（7-3）、式（7-4）计算活动数据和排放因子。

第三步：利用活动数据和排放因子，根据式（7-2）计算项目核算期内化石燃料的 CO_2 排放量。

7.4.3 垃圾焚烧过程

（1）概述

垃圾焚烧过程的排放由 CO_2、少量 CH_4 和 N_2O 组成，按式（7-5）计算。

$$E_{垃圾} = E_{CO_2} + E_{CH_4} + E_{N_2O} \quad (7\text{-}5)$$

式中：$E_{垃圾}$——垃圾在焚烧炉中燃烧过程的排放量，t CO_2e；

E_{CO_2}——垃圾中矿物碳燃烧产生的 CO_2 排放，t CO_2e；

E_{CH_4}——垃圾在焚烧炉中不完全燃烧导致的 CH_4 排放，t CO_2e；

E_{N_2O}——垃圾在焚烧炉中燃烧导致的 N_2O 排放，t CO_2e。

（2）E_{CO_2} 的计算方法

垃圾焚烧直接产生的 CO_2 排放是根据入厂垃圾中的矿物碳含量计算的，不包括生物碳源的 CO_2 排放。根据垃圾中矿物碳含量的估值，乘以氧化因子，从而得出垃圾中矿物碳转换成 CO_2 的排放量。因此，垃圾焚烧中矿物碳量估算值是确定垃圾焚烧 CO_2 排放量的最重要因子。而生活垃圾是高度非均质化物质，其成分复杂多变，受垃圾收运管理、气候、季节等因素的影响而呈现较为明显的成分变化。

本部分根据我国垃圾焚烧发电行业当前项目建设和运行现状，提出标准计算方法和简易计算方法。简易计算方法参照《省级温室气体清单编制指南（试行）》，适用于检测数据缺失的企业。标准计算方法是参照《2006 年 IPCC 国家温室气体清单指南》，结合我国垃圾焚烧发电厂生产运行和监管现状而提出的，是较为精确和全面的计算方法。为提高企业碳排放估算的精确度，促进国家 CCER 政策在垃圾焚烧行业的推进，本书建议企业采用标准计算方法。

1）方法一：标准计算方法

①计算公式

如果项目公司可获得所在区域或本企业的垃圾物理组分相关参数，则按式（7-6）计算垃圾焚烧的 CO_2 排放。

$$E_{CO_2}=\sum_{f=1}^{n}\left[MSW_f\times\left(1-wm_f\right)\times\sum_i\left(WF_i\times CF_i\times FCF_i\right)\times OF\times\frac{44}{12}\right] \quad (7-6)$$

式中：MSW_f——第 f 月（季度）入厂垃圾湿重，t；

wm_f——第 f 月（季度）检测的入厂垃圾样品中的含水率，%；

f——估算年度中各月份（季度）；

WF_i——垃圾干物质中组分 i 的比例，%，$\sum_i WF_i=1$（以入厂垃圾为基数）；

CF_i——垃圾中组分 i 的干物质中的碳比例（碳含量），%；

FCF_i——垃圾中组分 i 的矿物碳占碳总含量的比例，%；

OF——垃圾焚烧的碳氧化率，%；

$\frac{44}{12}$——从 C 到 CO_2 的转换系数；

i——垃圾组分，如纸张 / 纸板、纺织物、食品垃圾、木材、花园（庭院）和公园废物、可处置尿布、橡胶和皮革、塑料、金属、玻璃、其他废物。

②活动数据

活动数据为估算期内垃圾焚烧厂处理的垃圾量，以进场垃圾量计算，并根据月度、季度和年度进厂垃圾量统计表确定。

③垃圾成分检测

生活垃圾物理组分宜每月或每季度做一次检测分析，生活垃圾采样和分析方法应符合《生活垃圾采样和分析方法》（CJ/T 313—2009）。

④矿物碳含量

矿物碳含量可根据生活垃圾检测的物理组分和表 7-4、表 7-5 计算确定。

表 7-4 生活垃圾各干基物理成分的元素典型值 单位：%

分析结果	纸类	橡塑	厨余	纤维	竹木	其他
C	41.33	60.39	35.64	45.04	42.96	27.64
H	5.9	7.83	5.12	6.41	6.02	4.06
S	0.2	0.1	0.39	0.15	0.1	0.31
O	42.59	17.85	36.51	42.59	41.24	16.74
N	0.3	0.48	2.6	2.18	2.35	1.94
Cl	0.46	1.89	0.82	0.46	0.36	0.45
A	7.42	5.18	19.64	3.17	6.97	48.76

数据来源：《生活垃圾焚烧技术导则》（RISN-TG009—2010）。

表 7-5　生活垃圾各组分的矿物碳比例　　单位：%

垃圾成分	矿物碳占总碳的比例	
	缺省值	范围
纸张 / 纸板	1	0～5
纺织物	20	0～50
食物垃圾	—	—
木材	—	—
花园（庭院）和公园废物	0	0
可处置尿布	10	10
橡胶和皮革	20	20
塑料	100	95～100
金属	—	—
玻璃	—	—
其他废物	100	50～100

数据来源：《2006 年 IPCC 国家温室气体清单指南》。

⑤碳氧化率

生活垃圾进入焚烧炉燃烧后，大部分碳氧化成 CO_2，但由于燃烧效率问题，有少部分碳可能没有完全氧化而进入灰渣。IPCC 优良做法是通过灰渣数量和其中的碳含量来确定氧化因子。

由于垃圾焚烧遵循“3T+E”的原则，在过量 O_2 和 850℃条件下，焚烧飞灰中的含碳量可忽略，炉渣含碳量可通过热灼减率近似计算。炉渣热灼减率的控制是非常重要的，该指标反映了垃圾的焚烧效果，指焚烧残渣经灼热减少的质量占原焚烧残渣质量的百分数。参照《生活垃圾焚烧处理工程技术规范》（CJJ 90—2002），炉渣热灼减率应控制在 3%～5%，此部分减少的质量可以基本认为是碳，如项目炉渣热灼减率以 3% 为控制标准，碳氧化率可取 98% 作为缺省值；炉渣热灼减率以 5% 为控制标准，碳氧化率可取 95% 为缺省值（表 7-6）。

表 7-6　碳氧化率取值

炉渣热灼减率	碳氧化率（OF）
3%	98%
5%	95%

⑥核算步骤

第一步：获取核算期内进厂垃圾量数据。

第二步：确定排放因子。根据垃圾成分检测报告确定垃圾含水率、物理成分，然后根据表 7-4、表 7-5 计算垃圾中矿物碳的比例，根据炉渣热灼减率资料，由表 7-6 确定碳氧化率。

第三步：利用活动数据和排放因子，根据式（7-6）计算垃圾焚烧发电厂核算期内的 CO_2 排放量。

2）方法二：简易计算方法

①计算公式

如果垃圾物理组分相关数据无法获取，则按式（7-7）计算垃圾焚烧的 CO_2 排放量。

$$E_{CO_2} = SW \times CF \times FCF \times OF \times \frac{44}{12} \tag{7-7}$$

式中：SW——作为湿重焚烧的垃圾总量，t；

CF——垃圾中的碳比例（碳含量），%；

FCF——垃圾中矿物碳占碳总含量的比例，%；

OF——垃圾焚烧的碳氧化率，%。

$\frac{44}{12}$ —— 从 C 到 CO_2 的转换系数。

②活动数据

垃圾焚烧处理 CO_2 排放估算需要的活动数据为估算期内焚烧发电厂处理的垃圾量，以进场垃圾量计算，并根据月度、季度和年度进厂垃圾量统计表确定。

③排放因子

垃圾焚烧产生的 CO_2 排放估算所需关键排放因子包括进厂垃圾量、垃圾中的碳含量（进厂湿基）、矿物碳占碳总量的比例和焚烧炉燃烧效率。本书提供了关于垃圾中的碳含量（进厂湿基）、矿物碳占碳总量的比例和焚烧炉燃烧效率的缺省值。

垃圾焚烧产生的 CO_2 排放核算所需排放因子，如果当地无相关实测数据，可采用表 7-7 的推荐值。

表 7-7　垃圾焚烧处理排放因子及来源　　单位：%

排放因子	范围		推荐值	来源
垃圾碳含量	城市生活垃圾	（湿）33～35	20	调查和专家判断
	危险废物	（湿）1～95	1	专家判断
	污泥	（干物质）10～40	30	IPCC
矿物碳占碳总量的百分比	城市生活垃圾	30～50	39	全国平均值
	危险废物	90～100	90	专家判断
	污泥	0	0	生物成因
碳氧化率	城市生活垃圾	95～99	95	专家判断
	危险废物	95～99.5	97	
	污泥	95	95	

数据来源：《省级温室气体清单编制指南（试行）》。

④核算步骤

第一步：获取核算期内进厂垃圾量数据。

第二步：确定排放因子。首先由专家从垃圾焚烧发电厂资料中判断相关计算因子，如垃圾焚烧发电厂或调查资料缺乏可用信息，则从表 7-7 中选取推荐值。

第三步：利用活动数据和排放因子，根据式（7-7）计算垃圾焚烧发电厂核算期内的 CO_2 排放量。

（3）E_{CH_4} 的计算方法

1）计算公式

CH_4 排放是垃圾不完全燃烧造成的，焚烧炉中产生的 CH_4 量通常很小，其排放的计算基于焚烧炉的垃圾投入量以及缺省排放因子，按式（7-8）计算。

$$E_{CH_4} = \mathrm{MSW} \times \mathrm{EF}_{CH_4} \times \mathrm{GWP}_{CH_4} \tag{7-8}$$

式中：E_{CH_4}——垃圾在焚烧炉中不完全燃烧导致的 CH_4 排放，t CO_2e；

MSW——核算期内入炉垃圾湿重，t；

EF_{CH_4}——与垃圾焚烧相关的 CH_4 排放因子，t CH_4/t；

GWP_{CH_4}——CH_4 全球增温潜势，t CO_2e/t CH_4。

2）活动数据

活动数据为估算期内焚烧厂处理的垃圾量，以入炉垃圾量计算，并根据月度、季度和年度入炉垃圾量统计表确定。

3）排放因子

如果企业有烟道中 CH_4 的相应监测数据，那么应使用监测数据，否则应使用《2006 年 IPCC 国家温室气体清单指南》中的推荐值（0.2×10^{-6} t CH_4/t）（入炉湿重垃圾），考虑到该数值引自日本温室气体清单局（GIO 2004），本书推荐湿重垃圾按入炉垃圾量为基础计算。

4）核算步骤

第一步：获取核算期内入炉垃圾量数据。

第二步：确定排放因子。首先由专家确定排放因子，考虑到大多数垃圾焚烧发电厂并未监测 CH_4 排放数据，推荐按《2006 年 IPCC 国家温室气体清单指南》中的 CH_4 排放因子选取。

第三步：利用活动数据和排放因子，根据式（7-8）计算垃圾焚烧发电厂核算期由于垃圾不充分燃烧导致的 CH_4 排放。

（4）E_{N_2O} 的计算方法

1）计算公式

N_2O 排放于燃烧温度相对低（500～950℃）的燃烧过程，加入氨和尿素可能会增加 N_2O 排放量，其影响因素包括设备类型、废物类型、氮的含量以及过剩空气比例等。N_2O 的排放量基于焚烧炉的垃圾投入量以及缺省排放因子，按式（7-9）计算。

$$E_{N_2O} = \mathrm{MSW} \times \mathrm{EF}_{N_2O} \times \mathrm{GWP}_{N_2O} \qquad (7\text{-}9)$$

式中：E_{N_2O}——垃圾在焚烧炉中燃烧导致的 N_2O 排放，t CO_2e；

MSW——核算期内入炉垃圾湿重，t；

EF_{N_2O}——与垃圾焚烧相关的 N_2O 排放因子，t N_2O/t；

GWP_{N_2O}——N_2O 全球增温潜势，t CO_2e/t N_2O。

2）活动数据

活动数据为估算期内垃圾焚烧发电厂处理的垃圾量，以入炉垃圾量计算，并根据月度、季度和年度入炉垃圾量统计表确定。

3）排放因子

如果企业有烟道中 N_2O 的相应监测数据，那么应使用监测数据，否则应使用《2006 年 IPCC 国家温室气体清单指南》中的推荐值（50×10^{-6} t N_2O/t）（入炉湿重垃圾），考虑到该数值源自日本、欧洲数据，本书推荐湿重垃圾按入炉垃圾量为基础计算。

4）核算步骤

第一步：获取核算期内入炉垃圾量数据。

第二步：确定排放因子。首先由专家确定排放因子，考虑到大多数垃圾焚烧发电厂并未监测 N_2O 排放数据，推荐按《2006 年 IPCC 国家温室气体清单指南》中的 N_2O 排放因子选取。

第三步：利用活动数据和排放因子，根据式（7-9）计算垃圾焚烧发电厂核算期内焚烧炉排放 N_2O 的量。

（5）方法三：O_2 浓度测算法

本书提出一种通过监测烟气 O_2 浓度值，结合入炉垃圾性质来实时计算焚烧炉 CO_2 排放量的测算方法。O_2 浓度测算法利用垃圾焚烧发电厂现有的 O_2 测量数据，不需要额外监测设备投资。经对比方法一与方法二，本 O_2 浓度测算法具有较高的准确率，其具体计算方法为：

$$\mathrm{CO_2} = \frac{F_\mathrm{C}}{F} \times \frac{\mathrm{O_{2,Air}} - \mathrm{O_{2,Measure}}}{\mathrm{O_{2,Air}}} \tag{7-10}$$

式中：CO_2——烟气中 CO_2 平均体积分数，%；

F_C——单位质量燃料产生的 CO_2 体积（当量空气完全燃烧的条件下），m^3/t；

F——单位质量燃料产生的干烟气体积（当量空气完全燃烧的条件下），m^3/t；

$\mathrm{O_{2,Air}}$——当地空气中的 O_2 体积分数，%；

$O_{2,\mathrm{Measure}}$——烟气中的每小时平均 O_2 含量（体积分数），%。

式（7-10）中的 F_C 和 F 可根据垃圾组成计算得到，垃圾组成可通过成分检测获得。使用此方法核算化石燃料燃烧的碳排放量时，可将全天 24 h 内碳排放情况单独核算，再计算全天碳排放总量，计算方法为：

$$\mathrm{CO_{2,Day}} = \left(\sum_{1}^{24} \frac{\mathrm{CO}_{2,i}}{100} \times \frac{44}{22.4} \times 10^{-3} \times Q_i \right) \times F_f \tag{7-11}$$

式中：$\mathrm{CO_{2,Day}}$——全天碳排放总量；

$\mathrm{CO}_{2,i}$——烟气中的各小时平均 CO_2 体积分数，%；

Q_i——各小时平均烟气量，m^3/h；

F_f——垃圾含碳量中矿物碳的占比，%。

7.4.4 乙炔吹灰的排放

（1）计算公式

乙炔与空气混合，经高能点火爆燃后产生的 CO_2 排放量，按式（7-12）计算。

$$E_{乙炔}=AD\times CC\times\frac{44}{12} \tag{7-12}$$

式中：$E_{乙炔}$——乙炔吹灰产生的 CO_2 排放量，t CO_2；

AD——乙炔的消费量，t；

CC——乙炔的含碳量，t C/t；

$\frac{44}{12}$——从 C 到 CO_2 的转换系数。

（2）活动数据

乙炔的消耗量可根据企业消费台账或统计报表来确定，并按照以下优先级顺序选取，在之后各个核算期间的获取优先顺序不应降低：

①生产系统记录的数据；

②购销存台账中的数据；

③供应商提供的结算凭证数据。

（3）排放因子

乙炔的含碳量推荐按缺省值 0.923 计算。

（4）核算步骤

第一步：获取核算期内乙炔消耗数据。

第二步：确定活动数据和排放因子。根据资料或检测获取乙炔单位含碳量，本书推荐值为 0.923。

第三步：利用活动数据和排放因子，根据式（7-12）计算项目核算期内乙炔吹灰的 CO_2 排放量。

7.4.5 渗滤液处理的排放

（1）碳排放总量

垃圾焚烧设施的水处理主要是渗滤液的处理，生活垃圾焚烧厂渗滤液是一种高浓度有机废水，其处理过程会产生较多的温室气体，如厌氧过程产生大量 CH_4，硝化反硝化过程产生较多的 N_2O，渗滤液的 CO_2 排放对大气影响是中性的，不纳入排放总量计算。因此，垃圾焚烧发电厂废水处理过程的排放可按式（7-13）计算。

$$E_{渗滤液}=E_{CH_4}\times GWP_{CH_4}+E_{N_2O}\times GWP_{N_2O} \tag{7-13}$$

式中：$E_{渗滤液}$——渗滤液处理的温室气体排放，t CO_2e；

E_{CH_4}——渗滤液处理过程 CH_4 排放量，t CH_4；

E_{N_2O}——渗滤液处理过程 N_2O 排放量，t N_2O；

GWP_{CH_4}——CH_4 全球增温潜势，t CO_2e/t CH_4；

GWP_{N_2O}——N_2O 全球增温潜势，t CO_2e/t N_2O。

（2）$E_{Leachate,CH_4}$ 的核算方法

渗滤液在厌氧阶段产生的沼气、处理过程产生的污泥以及最后的浓缩液均返回焚烧炉进行焚烧，此部分进入焚烧炉的 CH_4、污泥和浓缩液最终基本以 CO_2 形式排放，进入生物碳循环，不计入设施排放总量。但沼气在整个工艺流程中也存在逸散情况。根据德国联邦环保署 2021 年报送的温室气体清单表 472：厌氧消化系统 CH_4 逃逸比例为德国 5.7%、奥地利 5%、丹麦 4%，逸散的 CH_4 应计入排放总量。本书推荐按沼气产生量的 5% 为渗滤液处理站 CH_4 排放计算值。

渗滤液处理达标后往往排入市政管网或厂内回用，根据《2006 年 IPCC 国家温室气体清单指南》和我国城市管网的情况，达标排放后的废水在管网中的 CH_4 修正因子可取缺省值 0。

《2006 年 IPCC 国家温室气体清单指南》和《省级温室气体清单编制指南》给出了生活污水处理 CH_4 排放及工业废水处理 CH_4 排放计算方法，其计算方法基本一致。由于垃圾渗滤液是一种高浓度的含多种污染物的有机废水，其水质和处理工艺与生活污水和工业废水均不相同，本书根据 IPCC 方法的估算原则，结合我国垃圾焚烧发电行业渗滤液处理工艺，提出了如下渗滤液处理过程的 CH_4 排放计算方法。

1）计算公式

根据工程实践，本书提出渗滤液 CH_4 排放的计算见式（7-14）。

$$E_{CH_4}=\sum_{i=1}^{n}\left[\left(Q_{i,\mathrm{in}}\times C_{i,\mathrm{in}}-Q_{i,\mathrm{out}}\times C_{i,\mathrm{out}}\right)\times\eta_i\times\beta_i\times 0.716\times L_i\right] \tag{7-14}$$

式中：E_{CH_4}——估算年份的渗滤液处理 CH_4 排放总量，$kgCH_4/a$；

$Q_{i,in}$——估算年份第 i 月份（季度）进入厌氧反应器的渗滤液量，m^3；

$C_{i,in}$——估算年份第 i 月份（季度）厌氧反应降解前的 COD 质量浓度，kg/m^3；

$Q_{i,out}$——估算年份第 i 月份（季度）进入厌氧反应器后的出水量，m^3；

$C_{i,out}$——估算年份第 i 月份（季度）厌氧反应降解后的 COD 质量浓度，kg/m^3；

η_i——估算年份第 i 月份（季度）厌氧反应的沼气产生率，m^3/kg COD；

β_i——估算年份第 i 月份（季度）沼气中 CH_4 体积比，%；

0.716——甲烷的密度，kg/m^3；

L_i——估算年份第 i 月份（季度）CH_4 泄漏率，%；

i——监测月份（季度）。

2）活动数据

渗滤液 CH_4 排放的活动数据是指厌氧系统去除的 COD 总量，根据厌氧系统进出水量、降解前后的 COD 质量浓度计算，进出水量、COD 质量浓度宜取月度或季度平均值。

3）排放因子

沼气产生率（η）：根据工程实践经验，η 基本为 0.45～0.55 m^3/kg COD，企业核算宜每月或每季度检测一次，否则可参考工程实践取缺省值 0.5 m^3/kg COD。

沼气 CH_4 含量（β）：根据工程实践经验，β 基本为 50%～60%，企业核算宜每月或每季度检测一次，否则可参考工程实践取缺省值 50%。

CH_4 泄漏率 L：目前国内鲜少对 CH_4 泄漏率进行检测，参考德国联邦环保署 2021 年报送的温室气体清单数据，CH_4 泄漏率可取缺省值 5%。

表 7-8　渗滤液碳排放计算因子缺省值

名称	单位	缺省值
沼气产生率（η）	m^3/kg COD	0.5
沼气甲烷含量（β）	%	50
甲烷泄漏率（L）	%	5

4）核算步骤

第一步：获取核算期内渗滤液处理站厌氧反应器入口、出口的水量和 COD 量。

第二步：确定排放因子。首先由专家根据垃圾焚烧厂资料确定沼气产生率（η）、沼气甲烷含量（β）的数值，如缺乏检测数据，按本书推荐的数值选取。CH_4 泄漏率（L）按本书推荐值 5% 选取。

第三步：利用活动数据和排放因子，根据式（7-14）计算垃圾焚烧发电厂核算期内渗滤液处理系统 CH_4 泄漏造成的温室气体排放量。

（3）N_2O 排放

渗滤液厌氧处理后需进行缺氧 / 好氧处理，脱除其中的氮成分污染物（如 NH_3-N、尿素和蛋白质等），同时进一步去除渗滤液中的有机物质。氮的硝化作用和反硝化作用均可能造成 N_2O 直接排放。

《2006 年 IPCC 国家温室气体清单指南》给出了基于美国北部生活污水处理厂的 N_2O 综合排放因子 3.2 g N_2O/（人・a），国内学者研究了我国西南某市 1 200 t/d 生活垃圾焚烧厂渗滤液处理过程 N_2O 的释放规律，通过现场采样监测和实验室分析，发现渗滤液处理过程 N_2O 的流量释放系数为 1.755×10^{-3}～2.028×10^{-3}g/L。本书根据上述两个研究成果，结合我国渗滤液处理工艺，推荐了两种渗滤液处理 N_2O 排放核算方法，方法一［式（7-15）］和方法二［式（7-16）］，经实际案例计算，两种核算方法的计算结果基本一致。

1）计算公式（方法一）

$$E_{N_2O}=Q\times EF_{N_2O} \tag{7-15}$$

式中：E_{N_2O}——渗滤液处理过程 N_2O 排放量，kgN_2O；

Q——核算期内渗滤液处理总量所含 NH_3-N 量，t；

EF_{N_2O}——单位 NH_3-N 的 N_2O 排放因子，取缺省值 2.19 kgN_2O/t NH_3-N。

2）活动数据（方法一）

渗滤液 N_2O 排放的活动数据是指核算期内渗滤液处理总量所含 NH_3-N 量，按渗滤液处理量与氨氮浓度的乘积获得，宜按月度或季度平均值选取。

3）排放因子（方法一）

排放因子为单位 NH_3-N 所排放的 N_2O，由 IPCC 缺省值折算获得。

4）计算公式（方法二）

$$E_{N_2O}=Q\times EF_{N_2O} \tag{7-16}$$

式中：E_{N_2O}——渗滤液处理过程 N_2O 排放量，kgN_2O；

Q——核算期内渗滤液处理总量，m^3；

EF_{N_2O}——渗滤液处理过程 N_2O 排放因子，取缺省值 0.002 kgN_2O/m^3。

5）活动数据（方法二）

渗滤液 N_2O 排放的活动数据是指核算期内渗滤液处理总量，宜取月度或季度取值。

6）排放因子（方法二）

渗滤液处理过程 N_2O 排放因子按缺省值 0.002 kgN_2O/m^3 计算。

7）核算步骤：

第一步：获取核算期内渗滤液处理站渗滤液处理量、氨氮浓度。

第二步：确定排放因子。根据计算公式确定相应的排放因子。

第三步：利用活动数据和排放因子，根据式（7-15）或式（7-16）计算垃圾焚烧发电厂核算期内渗滤液处理系统 N_2O 泄漏造成的温室气体排放量。

表 7-9　渗滤液处理 N_2O 排放因子及来源

排放因子	简写	推荐值	单位	数据来源
方法一	E_{N_2O}	2.19	$kg\ N_2O/t\ NH_3$-N	IPCC 指南折算
方法二	EF_{N_2O}	0.002	$kg\ N_2O/m^3$	文献 6

7.4.6　SF_6 排放

（1）计算公式

对于由于电气设备 SF_6 泄漏引起的温室气体排放，用厂内电气设备 SF_6 充填总量乘以排放因子得出，采用式（7-17）计算。

$$E_{SF_6}=AD_{SF_6}\times EF_{SF_6}\times GWP_{SF_6} \quad (7\text{-}17)$$

式中：E_{SF_6}——电气设备 SF_6 泄漏产生的排放量，$t\ CO_2$；

AD_{SF_6}——SF_6 充填总量，kg；

EF_{SF_6}——SF_6 排放因子，%，缺省值为 1%；

GWP_{SF_6}——SF_6 全球增温潜势，$t\ CO_2e/t\ SF_6$。

（2）活动数据

根据垃圾焚烧发电厂电气设备资料，确定 SF_6 充填总量。

（3）排放因子

根据《电力设备预防性试验规程》（DL/T 596—1996）等标准，电气设备的 SF_6 年泄漏率应不大于 1%。

7.4.7 外购电力的间接排放

（1）计算公式

对于购入电力产生的 CO_2 间接排放，用购入使用电量乘电网排放因子得出，采用式（7-18）计算。

$$E_{电}=AD_{电}\times EF_{电} \tag{7-18}$$

式中：$E_{电}$——购入使用电力产生的排放量，t CO_2；

$AD_{电}$——购入使用电量，MW·h；

$EF_{电}$——电网排放因子，t CO_2/（MW·h）。

（2）活动数据

所需的活动数据是购入使用电量，按以下优先序获取：

①电表记录的读数；

②供应商提供的电费结算凭证上的数据。

（3）排放因子

电力消费的排放因子应根据项目公司所在地及目前的东北电网、华北电网、华东电网、华中电网、西北电网、南方电网划分，选用国家主管部门最近年份公布的相应区域电网排放因子。

7.4.8 其他间接排放

其他间接排放包括消耗品生产和运输的排放、垃圾收运的排放、灰渣运输和处置的排放。由于其他间接排放数据获取难度大，企业可根据数据收集的难易程度和可靠性确定核算范围，并进行解释说明。

主要消耗品的碳排放参考值和运输排放参考值见表 7-10。

表 7-10　主要消耗品和运输的碳排放因子参考值

序号	产品（服务）	上游排放因子	下游排放因子	单位	来源
1	柴油	670	3 150	kg CO_2e/t	《中国产品全生命周期温室气体排放系数集（2022）》
2	消石灰	1 017		kg CO_2e/t	碳排放交易网（http：//www.tanpaifang.com/tanjiliang/2019/0430/63792.html）
3	普通硅酸盐水泥	740.6		kg CO_2e/t	
4	尿素	352		kg CO_2e/t	《尿素单位产品碳排放限额国家标准（征求意见稿）》
5	氨水	2 778		kg CO_2e/t NH_3	《合成氨单位产品碳排放限额国家标准（征求意见稿）》
6	运输服务				
	轻型汽油货车运输（载重 2 t）		0.288 2	kg CO_2e/（t · km）	碳排放交易网（http：//www.tanpaifang.com/tanjiliang/2019/0430/63793.html）
	中型汽油货车运输（载重 8 t）		0.103 4	kg CO_2e/（t · km）	
	重型汽油货车运输（载重 10 t）		0.140 2	kg CO_2e/（t · km）	
	重型汽油货车运输（载重 18 t）		0.095 85	kg CO_2e/（t · km）	
	轻型柴油货车运输（载重 2 t）		0.246 1	kg CO_2eq/（t · km）	
	中型柴油货车运输（载重 8 t）		0.166 3	kg CO_2e/（t · km）	
	重型柴油货车运输（载重 10 t）		0.177 2	kg CO_2e/（t · km）	
	重型柴油货车运输（载重 18 t）		0.121 1	kg CO_2e/（t · km）	
	重型柴油货车运输（载重 30 t）		0.072 69	kg CO_2e/（t · km）	
	重型柴油货车运输（载重 46 t）		0.057 77	kg CO_2e/（t · km）	

7.5 不确定性分析

7.5.1 概述

不确定性分析是温室气体数据质量管理非常重要的部分。降低碳排放评估的不确定性对于垃圾处理处置方案制定和减排政策选择十分重要。不确定性分析包括定性和定量两个方面，定性分析主要是识别不确定性的来源，对其产生原因进行分析和说明；定量分析是对温室气体排放量不确定性的计算汇总。

7.5.2 不确定性原因

很多原因会导致核算结果与真实数值不同，分析不确定性产生的原因，有助于从源头上控制和降低不确定性，提高数据收集质量，进而提升估算结果的可信度。

基于本书估算方法，不确定性产生的原因主要有以下几类：

①缺乏完整性：由于测量或数据收集的难度，存在排放量估算不完整的情况，应尽量在报告中解释说明。

②系统性误差：计算模型是真实系统的简化，因而不是很精确。

③数据缺乏代表性：如部分排放因子参数，由于研究较少，采用了类似工程实践测量数据，缺乏代表性。

④样品随机误差：与样本数多少有关，通常可以通过增加样本数来降低这类不确定性。特别是垃圾组分，由于其高度非均质化特征，抽样检测结果存在较大差异，必须通过增加抽样频率来提高估算精度。

⑤测量误差：如测量标准和推导资料的不精确等。

7.5.3 不确定性的量化

（1）概述

温室气体排放量估算的不确定性量化分析主要针对参数和统计的不确定性。其量化分析的基本流程包括：确定模型中单个变量的不确定性（如活动数据和排放因子等的不确定性）；将单个变量的不确定性合并为估算的总不确定性。

（2）量化方法

数据不确定性通常为不确定性范围，以数据均值 ± 百分比表示，当相关数据的不确定性范围信息充分收集后，可利用一阶误差传递法或蒙特卡罗模拟法评价总量的不确定性。一阶误差传递法仅适用于正态分布，而蒙特卡罗模拟法非常灵活，适用于任何概率分布，需借助相关软件实现（如 @Risk）。目前，温室气体不确定性分析一般采用一阶误差传递法来评价。

（3）量化步骤

量化分析通常包含以下 5 个步骤。

①识别不确定性参数。

②对单个不确定性参数的不确定范围进行量化。理想情况下，排放量的估算和不确定性范围均可从特定排放源的测量样本数据中获得，但是实际中不可能对每个排放源开展类似的工作。因此，更多的时候对排放数据的不确定性评价来源于经验性的评价（如专家判断），也可以选择公开发布的文件中给出的不确定性参考值，如《1996 年 IPCC 国家温室气体清单指南》（表 7-11）。

表 7-11　排放因子和活动数据不确定性数据

气体	来源类别	排放系数	活动水平	总体不确定性
CO_2	能源	7%	7%	10%
CO_2	工业过程	7%	7%	10%
CO_2	土地利用变化与林业	33%	50%	60%
CH_4	生物质燃烧	50%	50%	100%
CH_4	石油和天然气活动	55%	20%	60%
CH_4	水稻栽培	3/4	1/4	1
CH_4	废物	2/3	1/3	1
CH_4	动物	25%	10%	20%
CH_4	动物粪便	20%	10%	20%
N_2O	工业过程	35%	35%	50%
N_2O	农业土壤	—	—	2 个数量级
N_2O	生物质燃烧	—	—	100%

注：未显示超过 ±60% 的不确定度。关于排放系数和活动数据不确定性的相对重要性的判断显示为分数，其和为 1。

③利用乘法运算的误差传递式（7-19），合并某单项排放量的不确定性。

$$U_c = \sqrt{U_1^2 + U_2^2 + \cdots + U_n^2} \tag{7-19}$$

式中：U_c——n 个估计值之积的不确定性，%；

$U_1 \cdots U_n$——n 个相乘的估计值的不确定性，%。

④利用加减运算的误差传递式（7-20），合并计算总排放量的不确定性。

$$U_c = \frac{\sqrt{(U_1 \times X_1)^2 + (U_2 \times X_2)^2 + \cdots + (U_n \times X_n)^2}}{|X_1 + X_2 + \cdots + X_n|} \tag{7-20}$$

式中：U_c——n 个估计值之和或差的不确定性，%；

$U_1 \cdots U_n$——n 个相加减的估计值的不确定性，%；

$X_1 \cdots X_n$——n 个相加减的估计值。

⑤对不确定性分析结果的说明和评价，可参照表 7-12。

表 7-12　不确定性评价

数据精确度	合并的不确定性
高	5%
较好	15%
一般	30%
差	超过 30%

7.6　垃圾处置净排放量评估

垃圾焚烧发电厂不仅提供垃圾减量化处置服务，同时产出电力和（或）热力，具有垃圾处置服务和能源服务双重效能。

本书将垃圾焚烧发电上网视为温室气体汇，将区域电力排放因子作为垃圾发电上网的替代因子计算电力部分的分摊排放量，其余排放作为垃圾处置服务的净排放，并提出垃圾处置的碳排放强度指标，以此评价垃圾焚烧发电厂运营的低碳发展水平，按式（7-21）计算。

$$\mathrm{UE} = \frac{E_{总} - \mathrm{AD}_{bd} \times \mathrm{EF}_{bd} - \mathrm{AD}_{br} \times \mathrm{EF}_{br}}{\mathrm{SW}} \tag{7-21}$$

式中：UE——吨垃圾处置服务的碳排放强度，t CO_2e/t；

$E_{总}$——评价期间垃圾焚烧发电厂总碳排放量，t CO_2e；

AD_{bd}——评价期间垃圾焚烧发电厂总上网电量，MW · h；

EF_{bd}——区域电力排放因子，t CO_2/（MW · h）；

AD_{br}——评价期间垃圾焚烧发电厂对外供热总量，GJ；

EF_{br}——热力排放因子，t CO_2/GJ；

SW——评价期间垃圾焚烧发电厂入厂垃圾湿量，t。

8

案例分析

8.1 案例一

8.1.1 概述

本章以中国恩菲某垃圾焚烧发电厂 2020 年的运行情况为基础，对其垃圾焚烧发电过程碳排放总量进行估算。计算结果显示（以 CO_2e 计），2020 年，以入厂垃圾量计算的碳排放总量为 367.48 kg/t，其中化石燃料排放 3.47 kg/t、垃圾焚烧排放量为 351.07 kg/t、乙炔吹灰排放量为 0.06 kg/t、渗滤液处理过程排放量为 1.88 kg/t、电气设备 SF_6 泄漏排放 0.2 kg/t、间接排放为 10.8 kg/t。能源贡献实现减排量 157.72 kg/t，因此垃圾处置服务的净排放量为 209.76 kg/t。

8.1.2 企业概况

项目建设规模为 1 200 t/d，安装 3 台 400 t/d 焚烧炉、2 套 12 MW（15 MW 发电机）凝汽式汽轮机组，烟气净化采用“机械旋转喷雾半干法 + 消石灰喷射干法 + 活性炭吸附 + 布袋收尘器 +SNCR 脱硝”工艺，配套建设有 500 t/d 渗滤液处理站。

2020 年入厂垃圾总量为 403 489 万 t，主要运行参数见表 8-1。

表 8-1　主要运行参数

序号	名称	单位	数量	备注
1	入厂垃圾量	t	403 488.9	—
2	渗滤液处理量	t	88 635	—
3	发电量	MW · h	147 819	—
4	上网电量	MW · h	121 055	—
	能源贡献	kW · h/t	300.02	—
5	“三废”处置情况	—	—	—
	炉渣	t	75 059.73	综合利用，300 m
	飞灰固化物	t	9 036.97	垃圾填埋场，60 km
	废水排放	m^3	37 200	地表Ⅲ级排放标准

8.1.3　核算边界

本次核算的物理边界为该厂红线范围内所有生产设施，包括焚烧炉、烟气净化、余热发电、渗滤液处理以及其他辅助生产系统，但不含食堂。

核算类别包括企业生产过程的直接排放（化石燃料燃烧、垃圾焚烧、乙炔吹灰、废水处理）、外购电力的间接排放以及主要消耗品的上游排放和灰渣处置的下游排放。

核算的气体范围：CO_2、CH_4、N_2O 和 SF_6。

8.1.4　温室气体排放总量

（1）排放总量

按照本书第 7 章核算方法，该厂 2020 年温室气体排放总量为 148 276 t CO_2e，按入厂垃圾折算的单位排放量为 367.48 kg CO_2e/t。

该厂 2020 年上网电量为 121 055 MW · h，能源贡献实现减排量 63 639 t CO_2，则垃圾处置服务净排放量为 84 637 t CO_2e，按入厂垃圾折算的净排放量为 209.76 kg CO_2e/t（表 8-2）。

表 8-2　温室气体排放量汇总

序号	排放分类	CO_2/t	CH4/t	N_2O/t	SF_6/t	CO_2e/t	kg CO_2e/t	占比 /%
1	化石燃料燃烧	1 399	—	—	—	1 399	3.47	0.9
2	垃圾焚烧	136 305	0.081	20.174	—	141 653	351.07	95.5
3	乙炔吹灰	25	—	—	—	25	0.06	0.02
4	渗滤液处理	—	25.345	0.177	—	757	1.88	0.5
5	电气设备 SF_6	—	—	—	0.004	82	0.20	0.1
6	购入电力	29	—	—	—	29	0.07	0.02
7	其他间接排放	4 330	—	—	—	4 330	10.73	2.9
8	GWP	1	28	265	23 500	—	—	—
9	**排放量总计**	**142 088**	**25**	**20**	**0.004**	**148 276**	**367.48**	100.0
10	**温室气体汇（能源贡献）**	—	—	—	—	**（63 639）**	**（157.72）**	—
11	**净排放量**	—	—	—	—	**84 637**	**209.76**	—

注：单位排放量以入厂垃圾量计。

从企业 2020 年温室气体排放构成（图 8-1）来看，垃圾焚烧是最主要的排放源，占比达 95% 以上。可见，从源头减碳才是根本的减排路径，特别是降低垃圾组分中的橡塑含量。因此，从政策层面上鼓励循环经济，加强塑料垃圾分类回收和再生利用是减排的关键；从企业运营角度，通过优化锅炉参数，提高锅炉效率、风机效率、给水泵效率、汽机效率等，增加上网电量，从而提升能源贡献，增加温室气体汇，可有效降低垃圾处置的净排放量。

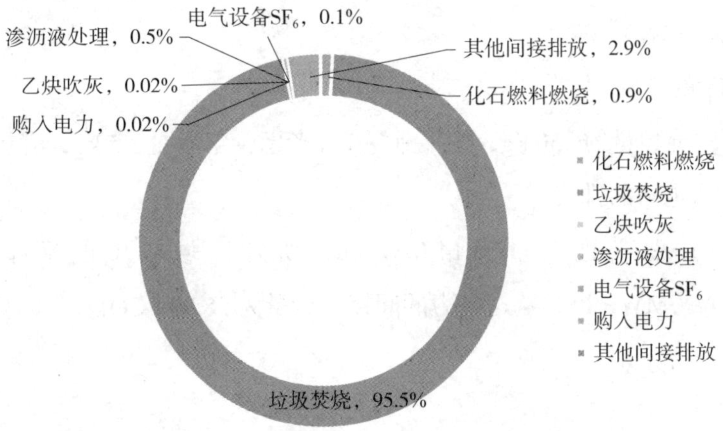

图 8-1　2020 年企业温室气体排放构成

（2）化石燃料燃烧的排放

2020 年企业消耗的化石燃料主要为柴油，其中 441.24 t 用于烘炉和助燃，4 t 用于运输车辆，化石燃料燃烧排放约 1 399.36 t CO_2，约占总排放量的 0.9%（表 8-3）。

表 8-3　化石燃料燃烧的排放

燃料	消耗量 /（t，万 m^3）	低位热 /（GJ/t，GJ/万 m^3）	活动数据 / GJ	含碳量 /（t C/GJ）	碳氧化率 / %	转换系数	CO_2 排放量 / t CO_2
柴油	445.24	43.3	19 278.892	0.020 2	98	3.67	1 399.36

（3）垃圾焚烧的排放

2020 年企业入厂垃圾量为 403 489 t，根据 3 月、7 月和 10 月的垃圾组分检测值计算的垃圾焚烧导致的排放量为 141 653 t CO_2e，约占总排放量的 95.5%，是垃圾焚烧发电厂最主要的排放源（表 8-4）。

（4）乙炔吹灰的排放

2020 年乙炔消耗量为 1 235 瓶，按每瓶净重 6 kg 计算，则该项排放量为 25.08 t CO_2（表 8-5）。

（5）渗滤液处理的排放

渗滤液处理系统排放源主要是厌氧系统的 CH_4 泄漏，以及废水硝化和反硝化过程 N_2O 排放。CH_4 泄漏率按 5%，CH_4 排放量约 25.35 t CH_4（表 8-6）；N_2O 估算排放量为 177.27 kg（表 8-7）。因此废水处理环节的排放量为 757 t CO_2e，约占总排放量的 0.5%。

（6）SF_6 的排放

全厂 SF_6 充填量约 350 kg，按年泄漏 1% 考虑，年泄漏 3.5 kg，潜势为 23 900。

（7）购入电力的排放

2020 年企业受进电量 55.14 MW·h，所在区域华中电网排放因子为 0.525 7 t CO_2/（MW·h），购进电力的间接排放量为 28.99 t CO_2。

表 8-4 垃圾焚烧的排放

季度	入厂垃圾量 / t	垃圾组分 /%									碳氧化率 / %	CO_2 排放量 / t CO_2	CH_4 排放量 / t CH_4	N_2O 排放量 / t N_2O	排放总量 / t CO_2e
		检测时间	纸类	橡塑	厨余	纤维	竹木	其他	无机类	水分					
1	80 722.34	参照 3 月检测值	10.18	23.96	53.23	4.41	3.23	—	5	47.62	98	22 652	0.016	4.036	23 722
2	88 531.11	2020 年 3 月 30 日	10.18	23.96	53.23	4.41	3.23	—	5.00	47.62	98	24 843	0.018	4.427	26 016
3	115 676.73	2020 年 7 月 19 日	13.69	29.93	37.42	6.07	4.7	0.22	7.99	46.96	98	41 313	0.023	5.784	42 847
4	118 558.72	2020 年 10 月 10 日	7.95	31.94	34.4	9.49	4.02	0.09	12.14	44.81	98	47 497	0.024	5.928	49 069

表 8-5　乙炔吹灰的排放

品种	消耗量 / 瓶	每瓶净重 / kg	消耗量 / t	含碳量 / （t C/t）	氧化率 / %	CO_2 排放量 / t CO_2
乙炔	1 235	6	7.41	0.923	100	25.08

表 8-6　厌氧系统 CH_4 的排放

月份	厌氧进水量 / m^3	降解前 COD/ （mg/L）	出水量 / m^3	降解后 COD/ （mg/L）	COD 去除量 / kg	泄漏率 / %	CH_4 排放量 / t CH_4	排放量 / t CO_2e
1	5 301	31 753	5 301	4 329	145 374.62	5	1.301	**36.43**
2	3 945	32 983	3 945	2 595	119 880.66	5	1.073	**30.04**
3	6 811	35 770	6 811	3 069	222 726.51	5	1.993	**55.82**
4	5 955	34 166	5 955	5 492	170 753.67	5	1.528	**42.79**
5	8 212	35 018	8 212	5 095	245 727.68	5	2.199	**61.58**
6	7 786	32 451	7 786	3 716	223 730.71	5	2.002	**56.07**
7	8 596	39 394	8 596	3 568	307 960.30	5	2.756	**77.17**
8	11 419	29 766	11 419	3 319	301 998.29	5	2.703	**75.68**
9	11 831	37 533	11 831	3 318	404 797.67	5	3.623	**101.44**
10	10 150	41 472	10 150	3 932	381 031.00	5	3.410	**95.49**
11	8 039	24 156	8 039	4 189	160 514.71	5	1.437	**40.22**
12	7 752	23 730	7 752	4 718	147 381.02	5	1.319	**36.93**
合计	**95 797**	—	**95 797**	—	**2 831 876.84**	—	**25.35**	**709.67**

表 8-7　废水处理 N_2O 的排放

月份	渗滤液处理量 / m^3	排放因子 / （kg/m^3）	N_2O 排放量 / （t N_2O）	排放量 / t CO_2e
1	5 178	0.002	0.010 356	2.744
2	5 563	0.002	0.011 126	2.948
3	7 101	0.002	0.014 202	3.764
4	5 182	0.002	0.010 364	2.746
5	7 973	0.002	0.015 946	4.226
6	8 494	0.002	0.016 988	4.502
7	8 382	0.002	0.016 764	4.442
8	8 656	0.002	0.017 312	4.588
9	8 992	0.002	0.017 984	4.766
10	7 544	0.002	0.015 088	3.998
11	7 993	0.002	0.015 986	4.236
12	7 577	0.002	0.015 154	4.016

（8）其他间接排放

其他间接排放主要包括消耗品生产和运输的上游排放、炉渣和飞灰固化物处置的下游排放。由于资料和数据获取的难度，本次仅对主要消耗品生产的排放和灰渣运输的排放进行估算，排放因子来源见表后附注说明。初步估算其他间接排放量为 4 329.92 t CO_2（表 8-8）。其他未能估算的排放量预计占比很小，此处忽略其影响。

表 8-8 其他间接排放

类别	消耗品	（消耗量 / 处理量）/t	排放因子 /（kg/t）	运输方式	运距 / km	运输排放因子 /（kg/t · km）	排放量 /t CO_2e
上游	柴油	445.24	670	—	—	—	298.31
	消石灰	3 687.32	1 017	—	—	—	3 750.00
	活性炭	136.09	—	—	—	—	—
	螯合剂	242.46	—	—	—	—	—
	尿素	227.6	352	—	—	—	80.12
	乙炔	7.41	13 687	—	—	—	101.42
下游	炉渣	75 059.73	—	汽车	0.3	0.177 2	3.99
	飞灰	9 036.97	—	汽车	60	0.177 2	96.08

注：消石灰排放因子见 http: //www.tanpaifang.com/tanjiliang/2019/0430/63792.html；运输排放因子见 http: //www.tanpaifang.com/tanjiliang/2019/0430/63793.html；乙炔排放因子按平均能源消费水平估算值；尿素排放因子参照尿素单位产品碳排放限额国家标准征求意见稿。

8.1.5 净排放量评估

该厂 2020 年上网电量为 121 055.36 MW · h，按区域平均电网排放因子 0.525 7 t CO_2/（MW · h）计，则企业当年能源贡献实现碳减排量 63 639 t CO_2，垃圾处置的净排放量为 84 637 t CO_2e，按入厂垃圾计算的单位净排放量为 209.76 kg CO_2e/t。

生态环境部环境规划院等编制的《中国产品全生命周期温室气体排放系数集（2022）》中显示全国混合垃圾填埋排放因子为 583.87 kg CO_2e/t。据此数据，本企业以焚烧发电方式处理垃圾，可减少填埋方式处理垃圾产生的温室气体排放，同时余热发电可以减少矿物碳消耗，合计可减少温室气体排放量约 389 kg CO_2e/t。

8.1.6 O_2浓度测算法对比核算分析

垃圾焚烧过程焚烧炉碳排放的 O_2 浓度测算法是通过检测垃圾燃烧后烟气中 O_2 的浓度，结合入炉垃圾的性质，得到垃圾焚烧过程中的碳排放数据，具体核算方法见第 7 章的化石燃料燃烧的碳排放核算部分。

本部分测算依据 2020 年 9—11 月中国恩菲赣州市垃圾焚烧发电厂烟气成分的监测数据及 2020 年 9 月 23—25 日中国恩菲赣州市垃圾焚烧发电厂垃圾成分取样的检测报告（表 8-9），对垃圾焚烧过程碳排放间接测算方法的准确性进行验证。

表 8-9　垃圾成分监测数据　　单位：%

垃圾成分（质量分数）	C	H	N	S	O	水分	灰分
3 次采样（垃圾池上部、中部、底部）平均值	23.26	3.06	0.62	0.24	11.54	44.81	16.48

核算过程中需要的垃圾理论燃烧空气量 $V_0\left(\mathrm{m^3/kg}\right)$、当量空气下（过量空气系数 α =1）理论燃烧烟气量 $V_y\left(\mathrm{m^3/kg}\right)$ 和烟气中 CO_2 的体积分数，可分别由以下公式计算：

$$V_0 = 0.088\,9\mathrm{C} + 0.264\,7\mathrm{H} + 0.033\,3\mathrm{S} - 0.033\,3\mathrm{O} \tag{8-1}$$

$$V_\mathrm{y} = 0.018\,67\mathrm{C} + 0.112\mathrm{H} + 0.007\mathrm{S} + 0.79V_0 + 0.008\mathrm{N} + 0.012\,4\mathrm{W} \tag{8-2}$$

$$V_{\mathrm{CO_2}} = \frac{0.186\,7C}{V_\mathrm{y}} \tag{8-3}$$

根据以上计算数据和烟气中 O_2 浓度的监测数据，使用 O_2 浓度测算法对该垃圾焚烧发电厂 2020 年 9—11 月烟气中 CO_2 的浓度进行核算，核算结果和监测值数据见图 8-2～图 8-4。可以看出，在 2020 年 9—11 月的约 90 d 内，O_2 浓度测算法的测算结果除了 9 月 22 日和 9 月 23 日两天误差超过 20%，其余时间 CO_2 浓度的测算结果均与 CO_2 浓度监测值较为接近。总体来说，2020 年 9—11 月 CO_2 间接测算法测算浓度与实际监测浓度平均偏差均在 10% 以下，证明了 CO_2 浓度间接测算方法在核算垃圾焚烧过程碳排放时具有较高的准确性。

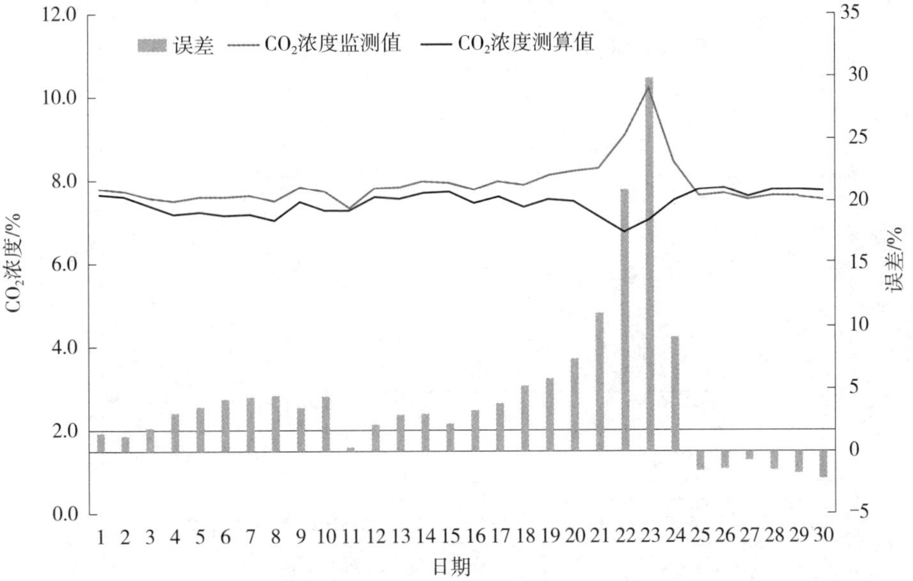

图 8-2　垃圾焚烧发电厂 2020 年 9 月 CO_2 监测浓度与测算浓度

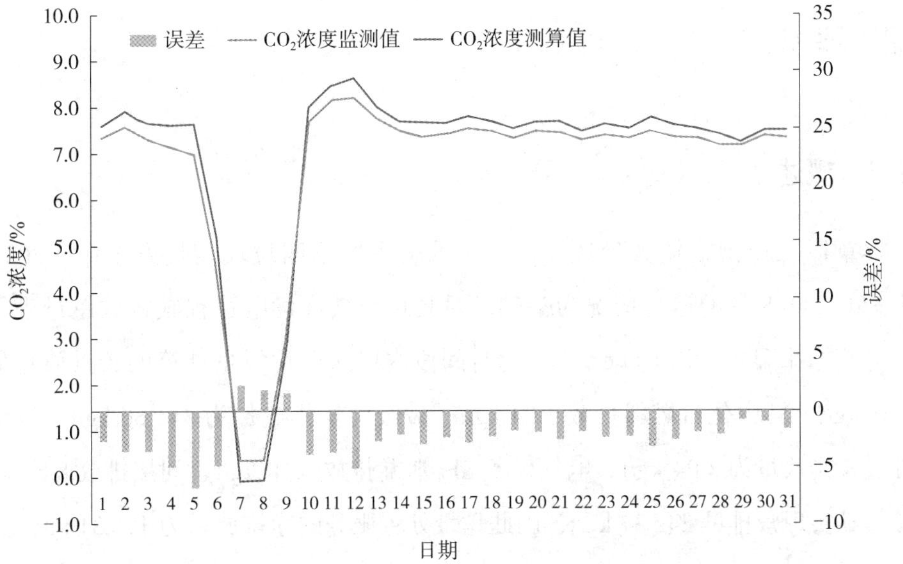

注：2020 年 10 月 7 日和 8 日为停炉检修。

图 8-3　垃圾焚烧发电厂 2020 年 10 月 CO_2 监测浓度与测算浓度

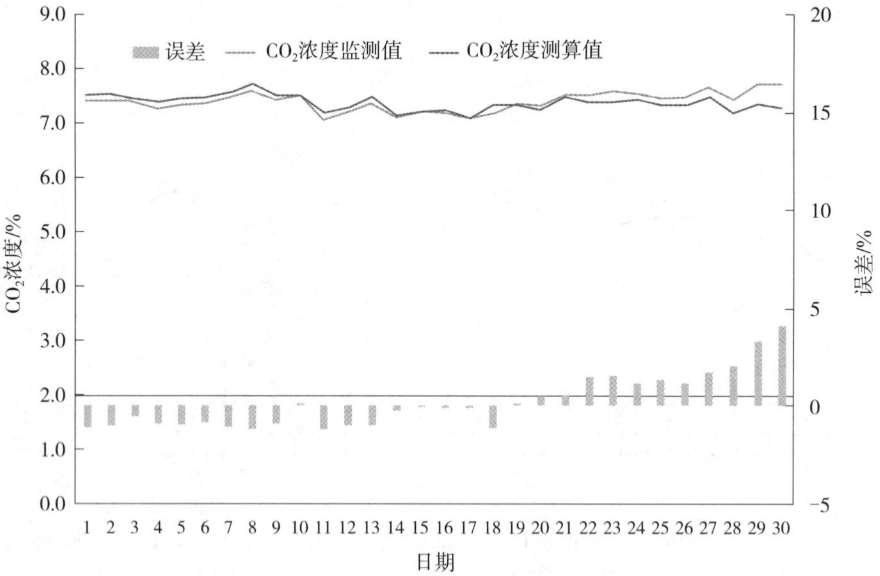

图 8-4　垃圾焚烧发电厂 2020 年 11 月 CO_2 监测浓度与测算浓度

8.2 案例二

8.2.1 概述

本章以三峰御临垃圾焚烧发电厂（重庆主城第四垃圾焚烧发电厂）2021 年 9 月—2022 年 8 月的运行情况为基础，对其垃圾焚烧发电过程碳排放总量进行估算。计算结果显示（以 CO_2e 计），此时间段内以入厂垃圾量计算的碳排放总量为 358.68 kg/t，其中化石燃料排放 1.04 kg/t、垃圾焚烧排放量为 345.60 kg/t、渗滤液处理过程排放量为 3.04 kg/t、电气设备 SF_6 泄漏排放 0.18 kg/t、间接排放 8.82 kg/t。能源贡献实现减排量 242.37 kg/t，因此垃圾处置服务的净排放量为 116.31 kg/t。

8.2.2 企业概况

项目建设规模为 3 000 t/d，配置 4 台 750 t/d 焚烧炉、2 台 45 MW 汽轮发电机组。该项目采用锅炉高参数工艺，烟气达到超低排放标准。

2021 年 9 月—2022 年 8 月入厂垃圾总量为 117.88 万 t，主要运行参数见表 8-10。

表 8-10 主要运行参数

名称	单位	数量	备注
入厂垃圾量	万 t	117.88	—
渗滤液处理量	万 t	25.80	—
发电量	MW · h	625 249.8	—
上网电量	MW · h	543 479	—
能源贡献	kW · h/t	461.04	—
“三废”处置情况	—	—	—
炉渣	万 t	15.74	外运第三方处置，11 km
飞灰固化物	t	31 239.64	洛碛填埋场，1 km
废水排放	m^3	201 915	厂内回用

8.2.3 核算边界

本次核算的物理边界为该厂红线范围内所有生产设施，包括焚烧炉、烟气净化、余热发电、渗滤液处理以及其他辅助生产系统，但不含食堂。

核算类别包括企业生产过程的直接排放（化石燃料燃烧、垃圾焚烧、乙炔吹灰、废水处理、SF_6 泄漏排放）、外购电力的间接排放以及主要消耗品的上游排放和下游灰渣运输的排放。

核算的气体范围为 CO_2、CH_4、N_2O、SF_6。

8.2.4 温室气体排放总量

（1）排放总量

按照本书第 7 章的核算方法，该厂 2021 年 9 月—2022 年 8 月温室气体排放总量为 422 816 t CO_2e，按入厂垃圾折算的单位排放量为 358.68 kg CO_2e/t。

同一时间段内上网电量为 543 479 MW · h，能源贡献实现减排量 285 707 t CO_2，则垃圾处置服务净排放量为 137 109 t CO_2e，按入厂垃圾折算的净排放量为 116.31 kg CO_2e/t（表 8-11）。

表 8-11　温室气体排放量汇总

排放分类	CO_2/t	CH_4/t	N_2O/t	SF_6/t	CO_2e/t	kg CO_2e/t	占比 /%
化石燃料燃烧	1 223	—	—	—	1 223	1.04	0.3
垃圾焚烧	391 770	0.236	58.940	—	407 396	345.60	96.4
乙炔吹灰	—	—	—	—	—	—	—
渗滤液处理	—	123.269	0.516	—	3 588	3.04	0.8
电气设备 SF_6	—	—	—	0.009	212	0.18	0.05
购入电力	213	—	—	—	213	0.18	0.05
其他间接排放	10 184	—	—	—	10 184	8.64	2.4
GWP	1	28	265	23 500	—	—	—
排放量总计	403 390	124	59	0.009	422 816	358.68	100
温室气体汇（能源贡献）	—	—	—	—	285 707	242.37	—
净排放量	—	—	—	—	137 109	116.31	—

注：单位排放量以入厂垃圾量计。

从企业年度温室气体排放构成（图 8-5）来看，垃圾焚烧是最主要的排放源，占比达 95% 以上。可见，从源头减碳才是根本的减排路径，特别是降低垃圾组分中的橡塑含量。因此，从政策层面上鼓励循环经济，加强塑料垃圾分类回收和再生利用是减排的关键；从企业运营角度，通过优化锅炉参数，提高锅炉效率、风机效率、给水泵效率、汽机效率等，增加上网电量，从而提升能源贡献、增加温室气体汇，可有效降低垃圾处置的净排放量。

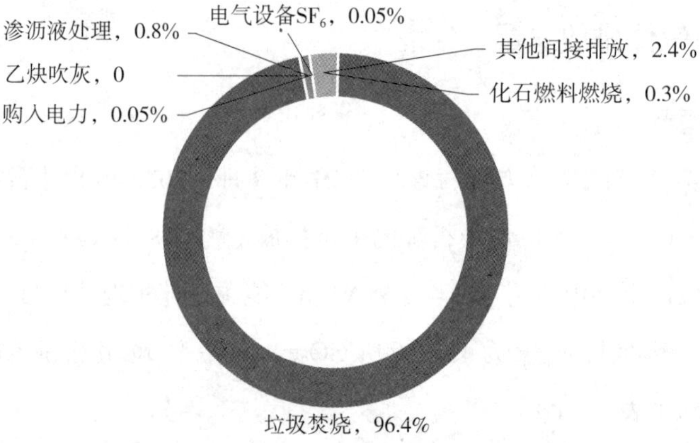

图 8-5　2021 年 9 月—2022 年 8 月企业温室气体排放构成

（2）化石燃料燃烧的排放

企业消耗的化石燃料主要为天然气 56.56 万 m^3，用于烘炉和助燃，化石燃料燃烧排放约 1 223 t CO_2，约占总排放量的 0.3%（表 8-12）。

表 8-12 化石燃料燃烧的排放

燃料	消耗量 / 万 m^3	低位热 /（GJ/ 万 m^3）	活动数据 / GJ	含碳量 /（t C/GJ）	碳氧化率 / %	转换系数	CO_2 排放量 / t CO_2
天然气	56.56	389.31	22 019.37	0.015 3	99	3.67	1 222.93

（3）垃圾焚烧的排放

企业入厂垃圾量为 117.88 万 t，根据 9 月的垃圾组分检测值计算的垃圾焚烧导致的排放量为 407 396 t CO_2e，约占总排放量的 96.4%，是垃圾焚烧发电厂最主要的排放源（表 8-13）。但是由于检测频次低以及垃圾组分的季节性和不稳定性因素，此数据存在较大的不确定性。

表 8-13 垃圾焚烧的排放

入厂垃圾量 /t	垃圾组分 /%									碳氧化率 / %	CO_2 排放量 / t CO_2	CH_4 排放量 / t CH_4	N_2O 排放量 / t N_2O	排放总量 / t CO_2e
	取样时间	纸类	橡塑	厨余	纤维	竹木	其他	无机类	水分					
1 178 800	2021 年 9 月 14 日	—	29.12	16.75	4.73	29.41	—	19.99	48.65	98	391 770	0.236	58.940	407 396

（4）乙炔吹灰的排放

本企业未消耗乙炔，此项排放为 0。

（5）渗滤液处理的排放

渗滤液处理系统排放源主要是厌氧系统的 CH_4 泄漏，以及废水硝化和反硝化过程 N_2O 排放。CH_4 泄漏率按 5% 计，CH_4 排放量约 123.27 t CH_4（表 8-14）；N_2O 估算排放量为 516 kg（表 8-15）。因此，废水处理环节的排放量为 3 588 t CO_2e，约占总排放量的 0.8%。

表 8-14 厌氧系统 CH_4 的排放

厌氧进水量 / m^3	降解前 COD/（mg/L）	出水量 / m^3	降解后 COD/（mg/L）	COD 去除量 / kg	泄漏率 / %	CH_4 排放量 / t CH_4	排放量 / t CO_2e
24 621	64 428	24 621	10 254	1 333 818.05	5	11.938	334.25
23 171	65 977	23 171	10 900	1 276 189.17	5	11.422	319.81
19 442	64 211	19 442	9 917	1 055 583.95	5	9.447	264.53
18 974	62 481	18 974	7 532	1 042 602.33	5	9.331	261.28
12 680	67 516	12 680	6 823	769 587.24	5	6.888	192.86
20 022	69 295	20 022	8 050	1 226 247.39	5	10.975	307.30
20 722	71 511	20 722	8 412	1 307 537.48	5	11.702	327.67
20 759	67 012	20 759	9 625	1 191 296.73	5	10.662	298.54
23 015	64 230	23 015	8 438	1 284 052.88	5	11.492	321.78
17 727	56 929	17 727	6 441	895 000.78	5	8.010	224.29
24 106	57 976	24 106	7 786	1 209 880.14	5	10.828	303.20
24 125	56 493	24 125	7 529	1 181 256.50	5	10.572	296.02

表 8-15 废水处理 N_2O 的排放

渗滤液处理量 / m^3	排放因子 /（kg/m^3）	N_2O 排放量 / t N_2O	排放量 / t CO_2e
24 860	0.002	0.049 72	13.176
23 171	0.002	0.046 342	12.281
19 442	0.002	0.038 884	10.304
19 321	0.002	0.038 642	10.240
13 320	0.002	0.02 664	7.060
20 297	0.002	0.040 594	10.757
21 388	0.002	0.042 776	11.336
22 101	0.002	0.044 202	11.714
23 813	0.002	0.047 626	12.621
19 192	0.002	0.038 384	10.172
25 678	0.002	0.051 356	13.609
25 440	0.002	0.050 88	13.483

（6）SF_6 的排放

全厂 SF_6 充填量约 900 kg，按年泄漏 1% 考虑，则年泄漏 9 kg，全球增温潜势为 23 500，则年排放 CO_2 约 211.5 t CO_2e。

（7）购入电力的排放

企业受进电量为 404.8 MW·h，所在区域华中电网排放因子为 0.525 7 t CO_2/（MW·h），购进电力的间接排放量为 212.80 t CO_2。

（8）其他间接排放

其他间接排放主要包括消耗品生产和运输的上游排放、炉渣和飞灰固化物处置的下游排放。由于资料和数据获取的难度，本次仅对主要消耗品生产的排放和灰渣运输的排放进行估算，排放因子来源见表后附注说明。初步估算其他间接排放量为 10 184.22 t CO_2（表 8-16）。其他未能估算的排放量预计占比很小，此处忽略其影响。

表 8-16 其他间接排放

类别	消耗品	消耗量 / 处理量 /（t，m^3）	排放因子 /（kg/t，kg/m^3）	运输方式	运距 / km	运输排放因子 / [kg/（t·km）]	排放量 / t CO_2e
上游	天然气	565 600	0.64	—	—	—	361.98
	消石灰	6 046.73	1 017	—	—	—	6 149.52
	活性炭	492.45	—	—	—	—	—
	螯合剂	1 002.70	—	—	—	—	—
	氨水	4 017.33	694.5	—	—	—	2 790.04
	液碱	382.01	1 493	—	—	—	570.34
下游	炉渣	157 400	—	汽车	11	0.177 2	306.80
	飞灰固化物	31 239.64	—	汽车	1	0.177 2	5.54

注：天然气上游排放因子来源于《中国产品全生命周期温室气体排放系数集（2022）》；消石灰排放因子见 http: //www.tanpaifang.com/tanjiliang/2019/0430/63792.html；运输排放因子见 http: //www.tanpaifang.com/tanjiliang/2019/0430/63793.html；氨水、液碱排放因子参照合成氨、液碱单位产品碳排放限额国家标准征求意见稿。

8.2.5 净排放量评估

该厂 2021 年 9 月—2022 年 8 月上网电量 543 479 MW·h，按区域平均电网排放因子 0.525 7 t CO_2/（MW·h）计，则企业当年能源贡献实现碳减排量 285 707 t CO_2，垃圾处置的净排放量为 137 109 t CO_2e，按入厂垃圾计算的单位净排放量为 116.31 kg CO_2e/t。

生态环境部环境规划院等编制的《中国产品全生命周期温室气体排放系数集（2022）》中显示，全国混合垃圾填埋排放因子为 583.87 kg CO_2e/t。据此数据，本企业以焚烧发电方式处置垃圾，可比填埋方式减少温室气体排放量约 468 kg CO_2e/t。

9

减排潜力分析

9.1　垃圾焚烧发电碳排放特征

垃圾焚烧发电过程实现了垃圾的减量化、资源化和无害化处理，其产生的温室气体主要包括 CO_2、CH_4、N_2O 等，其中 CO_2 的排放量最大。从本书碳排放核算结果来看，碳主要来源为垃圾中化石燃料燃烧排放，占 95% 以上；塑料、橡胶、织物等含有矿物碳成分的物质燃烧产生 CO_2 排放是垃圾焚烧碳排放的主要特征；垃圾中厨余、纸类、木竹等物质燃烧产生的 CO_2 为生物源碳排放，不计入垃圾焚烧发电碳排放核算范围。

垃圾焚烧发电处理可以使垃圾中的有机物在较短的时间内转变为 CO_2 和热能，避免了垃圾填埋过程中产生 CH_4 这种全球变暖潜势值高的温室气体，同时用余热发电替代化石燃料发电，因此垃圾焚烧发电具有减少 CH_4 排放和代替化石能源发电的双重碳减排效果，对于环境来说具有负碳排放的特征。

9.2　碳减排影响因素分析

生活垃圾焚烧发电碳减排的主要理论基础是利用垃圾焚烧余热发电，将所发电量并入电网，避免垃圾填埋产生的温室气体排放及替代燃烧化石燃料电厂的同等电量，从而减少温室气体的排放。

9.2.1　实施垃圾分类，从源头减少碳排放

我国经济已进入高质量发展阶段，居民生活水平稳步提高，垃圾中的塑料、橡

胶等可回收物质比例逐渐增大。为促进循环经济发展、推动生态文明建设和贯彻新发展理念，2021 年 5 月，国家发展改革委、住房和城乡建设部发布《“十四五”城镇生活垃圾分类和处理设施发展规划》。文件指出，到 2025 年年底，全国城市生活垃圾资源化利用率达到 60% 左右；到 2025 年年底，全国生活垃圾分类收运能力达到 70 万 t/d 左右，基本满足地级及以上城市生活垃圾分类收集、分类转运、分类处理需求，并鼓励有条件的县城推进生活垃圾分类和处理设施建设。积极推进垃圾分类，从源头减少垃圾产生量，使垃圾变废为宝，节约资源，对于垃圾焚烧发电来说，也可以减少焚烧烟气 CO_2 的排放。

目前通常将垃圾分为四大类：①可回收垃圾，主要包括废纸、塑料、玻璃、金属和布料等；②厨余垃圾，包括剩菜剩饭、骨头、菜根菜叶、果皮等食品类废物；③有害垃圾，包括废电池、废日光灯管、废水银温度计、过期药品等；④其他垃圾，又称干垃圾，包括除上述几类垃圾之外的砖瓦陶瓷、渣土、卫生间废纸、纸巾等难以回收的废物。

随着垃圾分类制度在我国的推行，将直接改变进炉垃圾的体量和理化特性，如进入焚烧厂的厨余类垃圾大幅减少、橡塑类与纸类垃圾中的可再利用部分被分流至可回收垃圾、废旧纺织品的回收利用等。因此，如果通过前端垃圾分类过程将矿物碳含量较高的一些可回收物质进行循环利用，不进入垃圾焚烧电厂，将有效降低垃圾焚烧电厂的碳排放量。

此外，垃圾分类使垃圾焚烧发电厂入炉垃圾热值升高、渗滤液产生率降低，在减少碳排放的同时，也改善了垃圾焚烧条件，促使垃圾焚烧处理效果更彻底。

9.2.2 节能降耗，强化减排效果

一次风机、引风机、给水泵、循环水泵等是垃圾焚烧发电厂内主要的用电设备，功率较大，合理选择水泵与风机的参数，使之运行在效率较高的性能区间，避免“大马拉小车”现象，节约用电量，实现高效焚烧。

对引风机、一次风机、二次风机、锅炉给水泵、凝结水泵、工业水泵、循环水泵、冷却塔风机等大功率设备采用变频调速器，以降低设备的电耗。

大容量电动机（如引风机、给水泵、一次风机等）选用高压电动机，减少能量损耗。

通过改进管路系统，减少系统阻力，如缩短管线长度，降低流速以减少沿程水头损失，减少闸阀、底阀、弯头、孔板等部件的数量以减少局部水头损失。合理进行设备选型，降低水泵、风机的富余量，避免采取关小阀门等节流方法来降压，造成功率浪费。

按 2020 年全国平均电网排放因子，节约 1 kW · h 电力，就可减排 583.9 kg CO_2。

生活垃圾焚烧发电项目生产运营中使用的生产用水、消石灰、尿素等消耗品引起的碳排放属于其他间接排放，包括消耗品生产和运输过程产生的排放。

加强精细化管理，避免浪费，减少消石灰、尿素等物料消耗，可减少间接的 CO_2 排放。

9.2.3 全量焚烧，控制 CH_4 排放

我国目前已是世界上垃圾焚烧发电厂数量最多的国家，年垃圾焚烧量也居世界首位，但我国仍有接近 50% 的城镇垃圾采用填埋处理，尤其是在一些人口规模小于 50 万人的县市，由于达不到焚烧发电经济平衡点，缺乏有效的低碳处理方式。

按照我国生活垃圾特性，生活垃圾填埋场每吨垃圾产生 CH_4 大约 50 kg（相当于填埋气体 150 m^3），如果回收利用 20%，也就是填埋 1 t 垃圾相当于排放 CO_2 当量 1 t。

采用集中协同建设垃圾焚烧发电厂或固体回收燃料（SRF）技术，积极推动垃圾全量焚烧处理，控制由于垃圾填埋造成的 CH_4 排放，同时将老旧垃圾填埋场进行治理，挖出陈腐制备 SRF 进行焚烧处理，可以彻底消除 CH_4 排放以及填埋场遗留问题。

9.3 减排潜力分析

垃圾焚烧过程存在温室气体直接排放、间接排放两类过程，与之对应的减排路径也分为减少直接排放、减少间接排放两类。减少直接排放是指辨认产生直接排放的各环节，从源头减少温室气体的产生和排放；减少间接排放是指辨认产生间接排放的各环节，通过减少涉及碳排放的电力、物料等资源的使用，间接减少温室气体排放。

9.3.1 应用数字技术，提升全厂生产效率

当前，新一轮科技革命和产业变革深入发展，数据已成为主要生产要素，数字化转型已经成为大势所趋，数字技术也成为各行各业落实“双碳”目标的重要抓手。

垃圾焚烧技术的关键在于将炉膛主控温度、炉渣燃烬率、锅炉热效率、负荷稳定性等几个主要控制目标综合寻优，实现环保与效率的最佳平衡，是传统逻辑控制较难实现的多变量强耦合控制模型，基于“大数据 + 人工智能”的数字化智能燃烧控制系统（Intelligent Combustion Control，ICC）是高效焚烧的最佳解决方案。

基于烟气净化工艺原理、数字化控制技术与经典控制策略的有机结合，可使烟气净化系统及时响应焚烧过程变化，自主建立最佳化学反应条件，使烟气污染物可靠、稳定、经济地得到脱除。

余热发电数字化控制系统可以使全厂热力循环效率最大限度地接近朗肯循环的理想循环效率，在不影响垃圾焚烧可靠性、稳定性的前提下，提高全厂经济效益。

应用数字化、智能化技术，对焚烧炉、余热发电系统、渗滤液处理系统实时智能优化控制，可全面提升全厂工艺生产的运行效率，加强碳排放数据检测，规范碳数据管理和核算，深入挖掘碳减排潜力。

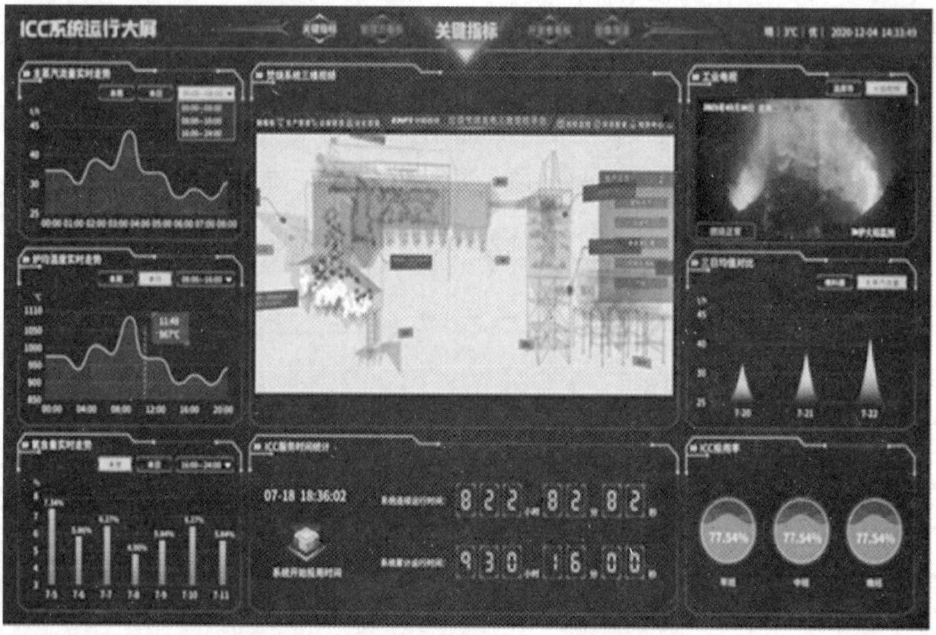

图 9-1　焚烧炉 ICC 智能控制界面

9.3.2 提高能源回收效率，提升发电量

垃圾焚烧发电厂的热力循环是以朗肯循环为基础的热力过程，一般采用给水回热来提高循环热效率。余热锅炉的主蒸汽参数主要有两种：一种是中温中压参数，即中参数（4.0 MPa、400℃）；另一种是中温次高压参数，即高参数（5.3 MPa、450℃或 6.4 MPa、450℃或 6.4 MPa、485℃）。另外，超高压次高温（13.7 MPa、485℃）参数的项目已经出现应用实例。垃圾焚烧发电厂锅炉蒸汽参数的提高可显著提高全厂发电热效率。余热锅炉蒸汽参数由 4.0 MPa、400℃提升至 13.7 MPa、485℃后，垃圾焚烧发电厂全厂发电热效率可由 21% 提升至 30%，从而大大提高汽轮发电机组的发电上网电量，提升垃圾焚烧发电厂碳减排能力。

9.3.3 建筑光伏一体化

建筑光伏一体化（Building Integrated PV，BIPV）是一种将太阳能发电（光伏）产品集成到建筑上的技术。2022 年 3 月 1 日，住建部同时发布《“十四五”住房和城乡建设科技发展规划》和《“十四五”建筑节能与绿色建筑发展规划》两份规划文件。文件指出，鼓励开展高效智能建筑光伏一体化利用等清洁能源建筑高效利用技术，到 2025 年，全国新增建筑太阳能光伏装机容量 0.5 亿 kW 以上，城镇建筑可再生能源替代率达到 8%，建筑能耗中电力消费比例超过 55%。可以看出，将建筑纳入碳排放管理的政策方向已经明朗，未来建筑方案中必须要考虑降碳减排。

垃圾焚烧发电厂普遍采用综合主厂房建设方式，厂房建筑体量大，屋面完全具备建设屋顶分布式光伏发电设施的条件，符合国家能源局下发的《关于报送整县（市、区）屋顶分布式光伏开发试点方案的通知》中提到的工商业厂房屋顶总面积可安装光伏发电比例不低于 30% 的精神要求。而且光伏建筑一体化设计可充分发挥垃圾发电综合主厂房优势，有效地打造绿色建筑。

图 9-2　垃圾焚烧发电厂主厂房及综合楼屋面光伏发电实景照片

9.3.4　合理规划建设规模和厂址

科学预测垃圾产生量，合理规划垃圾焚烧发电厂建设规模，尽量避免焚烧炉超烧和欠烧，提高全厂设备运行效率，实现减排增效。

“十三五”期间，在全国城镇生活垃圾焚烧处理能力大幅提升的同时，也存在城市生活垃圾焚烧处理能力与垃圾产生量不匹配的问题。早期一些垃圾焚烧项目的建设规模没有充分考虑服务年限内的垃圾变动情况，垃圾焚烧发电厂设计规模较小，无法与城市垃圾处理需求相适应；而近期一些新建或扩建的垃圾焚烧发电项目在进行处理规模规划设计时又过于超前，放大了城市生活垃圾处理的实际需求。因此，垃圾焚烧炉超烧、欠烧的现象经常发生。

垃圾焚烧炉超烧、欠烧都会对焚烧锅炉的能耗与效率产生负面影响。焚烧锅炉的能耗与运行效率与负荷有关，通常锅炉效率在额定蒸发量附近时最高，当负荷发生变化时，会对焚烧锅炉的效率产生影响。当垃圾焚烧炉欠烧时，焚烧的垃圾量减少，炉内温度低，使燃烧工况变差，不完全燃烧损失增大，此外，各项热损失所占的百分比也都发生变化，锅炉效率大多呈下降趋势；当垃圾焚烧超烧时，垃圾层加厚和炉排加快使机械不完全燃烧面积增大，超烧还会使焚烧炉出口烟温增加，并对水冷壁和过热器的换热情况造成一系列影响，通常也会导致锅炉效率下降。此外，负荷的波动也会对锅炉运行的经济性造成负面影响，其原因包括：一是燃烧调整滞后，来不及适应负荷的变化，往往造成风比例失调；二是为了适应负荷的变化，燃烧工况处于非稳定状态，燃烧效率显著下降。

垃圾焚烧炉的超烧、欠烧和负荷波动都会对锅炉运行效率产生不利影响，进而影响垃圾的发电量，而垃圾发电量是核算垃圾发电项目净碳排放量的重要指标。因此，垃圾的超烧、欠烧现象不利于垃圾焚烧发电项目的碳减排。

此外，厂址选择方面也应考虑生活垃圾从源头到终端处置全流程的温室气体排放因素，就近建设垃圾焚烧发电厂，合理规划垃圾中转和运输路线，减少垃圾运输过程中的碳排放。

在确定垃圾焚烧发电厂厂址的过程中，优化垃圾收运体系，合理设置中转站，采用大车转运模式减少垃圾运输距离和运输过程中的化石燃料消耗，同时应优先考虑采用新能源车辆替代汽油 / 柴油车辆，使用生物柴油燃料替代汽油 / 柴油，减少化石燃料消耗。

10

结束语

10 结束语

工业化以来，过度的温室气体排放引起了气候变化，应对全球气候变化是21世纪国际社会共同面临的重大挑战。我国于2020年9月提出了碳达峰、碳中和的目标和愿景，国家“十四五”规划也明确提出推进碳排放权市场化交易，确保2030年前碳排放达峰、努力争取2060年前实现碳中和的发展目标，充分展现了在构建人类命运共同体中的负责任大国担当。

碳排放核算是实现“双碳”目标的重要基础工作，垃圾焚烧发电行业具有碳减排的双重积极效应，科学、合理地制定垃圾焚烧发电行业的碳排放核算方法和实施方案，给行业自身高质量发展带来了巨大的发展机遇。通过采用新技术、新工艺，可以在实现高效清洁焚烧的同时，给企业带来良好的经济收益，为行业发展提供新动能，减污降碳，为全社会低碳发展贡献力量。

中国恩菲的业内专家和行业资深专家针对垃圾焚烧发电行业“双碳”目标需求，在充分考虑行业发展现状和国内外现有碳排放核算方法的前提下，系统地分析了我国垃圾焚烧发电厂内各工艺与生产过程温室气体产生来源，提出了适应我国垃圾焚烧发电行业碳排放核算的方法，补充了现有方法的不足，细化了核算过程要求，可为垃圾焚烧发电行业碳排放核算提供一套系统的解决方案。

参考文献

[1] 联合国气候变化专门委员会（IPCC）. 2006 年 IPCC 国家温室气体清单指南[R/OL]，2006. https://www.renrendoc.com/p-47724647.html.

[2] 国家发展改革委 . 省级温室气体清单编制指南（试行）[EB/OL].[2011-05-02]. http://www.csrcare.com/Law/Show?id=226060.

[3] 生态环境部 . 碳排放权交易管理办法（试行）[EB/OL]. [2020-12-31]. http://www.gov.cn/zhengce/zhengceku/2021-01/06/content_5577360.htm.

[4] 住房与城乡建设部标准定额研究所 . 生活垃圾焚烧技术导则：RISN-TG009-2010[S]. 北京：中国建筑工业出版社，2010.

[5] CM-072-V01 多选垃圾处理方式（第一版）[R/OL]. http://cdm.unfccc.int/methodologies/DB/V6E6Y5C7KYQAB6CW8BD9CD0767BOW.

[6] 华佳，刘通，柏双友，等 . 垃圾渗滤液处理工艺中 N2O 的释放规律及影响因素研究 [J]. 环境工程，2018，36（6）：52-57.

[7] Federal Environment Agency.National inventory report for the German greenhouse gas inventory 1990-2019[R].2021.

附录一　碳排放核算所需生产数据统计表

主要生产指标统计表

月份 / 季度	入厂垃圾量 /t	入炉垃圾量 /t	渗滤液产生量 /t	发电量 /（kW·h）	上网电量 /（kW·h）	外购电量 /（kW·h）	供热量 / GJ

主要化石燃料消耗统计表

月份 / 季度	柴油 / t	天然气 / m^3	汽油 / t	燃煤 / t

辅助生产消耗品统计表

第　月 / 季度	消耗量	单位	规格 / 纯度
消石灰			
活性炭			
尿素			
氨水			
乙炔			
螯合剂			
其他			

渗滤液处理生产指标统计表

月份 / 季度	渗滤液处理量 / m^3	厌氧系统进水量 / m^3	厌氧降解前 COD/（mg/L）	厌氧系统出水量 / m^3	厌氧降解后 COD/（mg/L）

“三废”产生量统计表

项目	产量	单位	去向	运输方式	运输距离
炉渣					
稳定化飞灰					
达标排放水					

垃圾成分检测数据表（一）

序号	采样时间	采样位置	垃圾进场时间	物理组成 /（干基，%）									
				厨余类	灰土类	砖瓦陶瓷类	金属类	玻璃类	纸类	橡塑类	纺织类	木竹类	其他
1													
2													
3													
4													

垃圾成分检测数据表（二）

序号	采样时间	采样位置	垃圾进场时间	检测结果					
				干基高位热值 /（kJ/kg）	湿基低位热值 /（kJ/kg）	含水率 / %	灰分 / %	可燃物 / %	容重 /（kg/m^3）
1									
2									
3									
4									

垃圾成分检测数据表（三）

序号	采样时间	采样位置	垃圾进场时间	检测结果 /（干基，%）							
				碳	氢	氧	氮	硫	氯	挥发分	固定碳
1											
2											
3											
4											

附录二　碳达峰、碳中和、碳排放、碳交易政策文件汇总

1. 国家领导人关于“双碳”战略的讲话

2020 年 9 月 22 日　习近平在第七十五届联合国大会一般性辩论上发表重要讲话

http: //www.gov.cn/xinwen/2020-09/22/content_5546168.htm?gov

人类需要一场自我革命，加快形成绿色发展方式和生活方式，建设生态文明和美丽地球。人类不能再忽视大自然一次又一次的警告，沿着只讲索取不讲投入、只讲发展不讲保护、只讲利用不讲修复的老路走下去。应对气候变化《巴黎协定》代表了全球绿色低碳转型的大方向，是保护地球家园需要采取的最低限度行动，各国必须迈出决定性步伐。中国将提高国家自主贡献力度，采取更加有力的政策和措施，二氧化碳排放力争于 2030 年前达到峰值，努力争取 2060 年前实现碳中和。各国要树立“创新、协调、绿色、开放、共享”的新发展理念，抓住新一轮科技革命和产业变革的历史性机遇，推动疫情后世界经济“绿色复苏”，汇聚起可持续发展的强大合力。

2020 年 9 月 30 日　习近平在联合国生物多样性峰会上发表重要讲话

http: //www.gov.cn/xinwen/2020-09/30/content_5548766.htm

《生物多样性公约》《联合国气候变化框架公约》及其《巴黎协定》等国际条约是相关环境治理的法律基础，也是多边合作的重要成果，得到各方广泛支持和参与。面对全球环境风险挑战，各国是同舟共济的命运共同体，单边主义不得人心，携手合作方为正道。要坚定捍卫以联合国为核心的国际体系，维护国际规则尊严和权威，提升全球环境治理水平。

中国将秉持人类命运共同体理念，愿承担与中国发展水平相称的国际责任，提高国家自主贡献力度，采取更加有力的政策和措施，二氧化碳排放力争于 2030 年前达到峰值，努力争取 2060 年前实现碳中和，为实现应对气候变化《巴黎协定》

确定的目标作出更大努力和贡献。

2020 年 12 月 12 日　习近平在气候雄心峰会上发表重要讲话

http: //www.gov.cn/xinwen/2020-12/13/content_5569136.htm

中国为达成应对气候变化《巴黎协定》作出重要贡献，是落实《巴黎协定》的积极践行者。中方已经宣布将提高国家自主贡献力度，我愿进一步宣布：到 2030 年，中国单位国内生产总值二氧化碳排放将比 2005 年下降 65% 以上，非化石能源占一次能源消费比重将达到 25% 左右，森林蓄积量将比 2005 年增加 60 亿立方米，风电、太阳能发电总装机容量将达到 12 亿千瓦以上。中国历来重信守诺，将以新发展理念为引领，在推动高质量发展中促进经济社会发展全面绿色转型，脚踏实地落实上述目标，为全球应对气候变化作出更大贡献。

2021 年 3 月 15 日　习近平主持召开中央财经委员会第九次会议强调

http: //www.gov.cn/xinwen/2021-03/15/content_5593154.htm

我国平台经济发展正处在关键时期，要着眼长远、兼顾当前，补齐短板、强化弱项，营造创新环境，解决突出矛盾和问题，推动平台经济规范健康持续发展；实现碳达峰、碳中和是一场广泛而深刻的经济社会系统性变革，要把碳达峰、碳中和纳入生态文明建设整体布局，拿出抓铁有痕的劲头，如期实现 2030 年前碳达峰、2060 年前碳中和的目标。

2021 年 4 月 30 日　习近平主持中央政治局第二十九次集体学习并讲话

http: //www.gov.cn/xinwen/2021-05/01/content_5604364.htm

实现碳达峰、碳中和是我国向世界作出的庄严承诺，也是一场广泛而深刻的经济社会变革，绝不是轻轻松松就能实现的。各级党委和政府要拿出抓铁有痕、踏石留印的劲头，明确时间表、路线图、施工图，推动经济社会发展建立在资源高效利用和绿色低碳发展的基础之上。不符合要求的高耗能、高排放项目要坚决拿下来。

2021 年 5 月 26 日　韩正主持碳达峰碳中和工作领导小组第一次全体会议并讲话

http: //www.gov.cn/guowuyuan/2021-05/27/content_5613276.htm

我国力争 2030 年前实现碳达峰，2060 年前实现碳中和，是以习近平同志为核心的党中央经过深思熟虑作出的重大战略决策。实现碳达峰、碳中和，是我国实现可持续发展、高质量发展的内在要求，也是推动构建人类命运共同体的必然选择。要全面贯彻落实习近平生态文明思想，立足新发展阶段、贯彻新发展理念、构建新发展格局，扎实推进生态文明建设，确保如期实现碳达峰、碳中和目标。

2. 中央及各部委关于“双碳”战略的政策文件

2007 年 6 月 3 日　国务院关于印发中国应对气候变化国家方案的通知

http: //www.gov.cn/zhengce/content/2008-03/28/content_5743.htm

方案明确了到 2010 年中国应对气候变化的具体目标、基本原则、重点领域及其政策措施。中国将按照科学发展观的要求认真落实方案中提出的各项任务，努力建设资源节约型、环境友好型社会，提高减缓与适应气候变化的能力，为保护全球气候继续做出贡献。

2011 年 8 月 3 日　国家发展改革委等 4 部门印发《清洁发展机制项目运行管理办法》

https: //www.ndrc.gov.cn/xxgk/zcfb/fzggwl/201109/t20110922_960735.html?code=&state=123

为促进和规范清洁发展机制项目的有效有序运行，履行《联合国气候变化框架公约》《京都议定书》以及缔约方会议的有关决定，根据《中华人民共和国行政许可法》等有关规定，制定本办法。

2011 年 10 月 29 日　国家发展改革委办公厅关于开展碳排放权交易试点工作的通知

https: //www.ndrc.gov.cn/xxgk/zcfb/tz/201201/t20120113_964370.html?code=&state=123

根据党中央、国务院关于应对气候变化工作的总体部署，为落实“十二五”规划关于逐步建立国内碳排放交易市场的要求，推动运用市场机制以较低成本实现 2020 年我国控制温室气体排放行动目标，加快经济发展方式转变和产业结构升级，经综合考虑并结合有关地区申报情况和工作基础，我委同意北京市、天津市、上海市、重庆市、湖北省、广东省及深圳市开展碳排放权交易试点。

2011 年 12 月 1 日　国务院关于印发“十二五”控制温室气体排放工作方案的通知

http: //www.gov.cn/zwgk/2012-01/13/content_2043645.htm

控制温室气体排放是我国积极应对全球气候变化的重要任务，对于加快转变经济发展方式、促进经济社会可持续发展、推进新的产业革命具有重要意义。要围绕到 2015 年全国单位国内生产总值二氧化碳排放比 2010 年下降 17% 的目标，大力开展节能降耗，优化能源结构，努力增加碳汇，加快形成以低碳为特征的产业体系和生活方式。

2011 年 12 月 31 日　国家林业局办公室关于印发《林业应对气候变化“十二五”行动要点》的通知

http: //www.forestry.gov.cn/sites/main/main/gov/content.jsp?TID=1885

根据应对气候变化国家战略总体要求，结合林业发展“十二五”规划，紧紧围绕实现林业“双增”奋斗目标，“十二五”期间，全国完成造林任务 3 000 万公顷、森林抚育经营任务 3 500 万公顷，到 2015 年森林覆盖率达 21.66%，森林蓄积量达 143 亿立方米以上，森林植被总碳储量达到 84 亿吨。新增沙化土地治理面积 1 000 万公顷以上。湿地面积达到 4 248 万公顷，自然湿地保护率达到 55% 以上。林业自然保护区面积占国土面积比例稳定在 13% 左右，90% 以上国家重点保护野生动物和 80% 以上极小种群野生植物种类得到有效保护。森林火灾受害率稳定控制在 1 以下。林业有害生物成灾率控制在 4.5 以下。初步建成全国林业碳汇计量监测体系。

2012 年 6 月 13 日　国家发展改革委关于印发《温室气体自愿减排交易管理暂行办法》的通知

https: //www.mee.gov.cn/ywgz/ydqhbh/wsqtkz/201904/P020190419527272751372.pdf

国家对温室气体自愿减排交易采取备案管理。参与自愿减排交易的项目，在国家主管部门备案和登记，项目产生的减排量在国家主管部门备案和登记，并在经国家主管部门备案的交易机构内交易。

2013 年 10 月 15 日　国家发展改革委办公厅关于印发首批 10 个行业企业温室气体排放核算方法与报告指南（试行）的通知

https: //www.ndrc.gov.cn/xxgk/zcfb/tz/201311/t20131101_963960.html?code=&state=123

首批 10 个行业企业温室气体排放核算方法与报告指南（试行）印发，包括“中国发电企业”“中国电网企业”“中国钢铁生产企业”“中国化工生产企业”“中国电解铝生产企业”“中国镁冶金企业”“中国平板玻璃生产企业”“中国水泥生产企业”“中国陶瓷生产企业”和“中国民航企业”。

2014 年 12 月 3 日　国家发展改革委办公厅关于印发第二批 4 个行业企业温室气体排放核算方法与报告指南（试行）的通知

https: //www.ndrc.gov.cn/xxgk/zcfb/tz/201502/t20150209_963759.html?code=&state=123

第二批 4 个行业企业温室气体排放核算方法与报告指南（试行）印发。包括“中国石油和天然气生产企业”“中国石油化工企业”“中国独立焦化企业”“中国煤炭生产企业”。

2015 年 7 月 6 日　国家发展改革委办公厅关于印发第三批 10 个行业企业温室气体核算方法与报告指南（试行）的通知

https: //www.ndrc.gov.cn/xxgk/zcfb/tz/201511/t20151111_963496_ext.html

第三批 10 个行业企业温室气体排放核算方法与报告指南（试行）印发。包括“造纸和纸制品生产企业”“其他有色金属冶炼和压延加工业企业”“电子设备制造企业”“机械设备制造企业”“矿山企业”“食品、烟草及酒、饮料和精制茶企业”“公共建筑运营单位（企业）”“陆上交通运输企业”“氟化工企业”“工业气体行业企业”。

2016 年 1 月 11 日　国家发展改革委办公厅关于切实做好全国碳排放权交易市场启动重点工作的通知

https: //www.ndrc.gov.cn/xxgk/zcfb/tz/201601/t20160122_963576.html?code=&state=123

结合经济体制改革和生态文明体制改革总体要求，以控制温室气体排放、实现低碳发展为导向，充分发挥市场机制在温室气体排放资源配置中的决定性作用，国家、地方、企业上下联动、协同推进全国碳排放权交易市场建设，确保2017年启动全国碳排放权交易，实施碳排放权交易制度。

2016年5月30日　国家林业局办公室关于印发《林业应对气候变化“十三五”行动要点》的通知

http: //www.forestry.gov.cn/sites/main/main/gov/content.jsp?TID=2277

到2020年，林地保有量达到31 230万公顷，森林面积在2005年基础上增加4 000万公顷，森林覆盖率达到23%以上，森林蓄积量达到165亿立方米以上，湿地面积不低于8亿亩，50%以上的可治理沙化土地得到治理，森林植被总碳储量达到95亿吨左右，森林、湿地生态系统固碳能力不断提高。到2020年，林业应对气候变化组织管理体系、政策法规体系、技术标准体系、计量监测体系更加健全，基础能力和队伍建设有效夯实，林业服务国家应对气候变化工作大局的能力明显增强。

2016年10月27日　国务院关于印发“十三五”控制温室气体排放工作方案的通知

http: //www.gov.cn/zhengce/content/2016-11/04/content_5128619.htm

到2020年，单位国内生产总值二氧化碳排放比2015年下降18%，碳排放总量得到有效控制。氢氟碳化物、甲烷、氧化亚氮、全氟化碳、六氟化硫等非二氧化碳温室气体控排力度进一步加大。碳汇能力显著增强。支持优化开发区域碳排放率先达到峰值，力争部分重化工业2020年前后实现率先达峰，能源体系、产业体系和消费领域低碳转型取得积极成效。全国碳排放权交易市场启动运行，应对气候变化法律法规和标准体系初步建立，统计核算、评价考核和责任追究制度得到健全，低碳试点示范不断深化，减污减碳协同作用进一步加强，公众低碳意识明显提升。

2017年12月18日　国家发展改革委关于印发《全国碳排放权交易市场建设方案（发电行业）》的通知

https: //www.ndrc.gov.cn/xxgk/zcfb/ghxwj/201712/t20171220_960930.html?code=&state=123

坚持将碳市场作为控制温室气体排放政策工具的工作定位，切实防范金融等方面风险。以发电行业为突破口率先启动全国碳排放交易体系，培育市场主体，完善市场监管，逐步扩大市场覆盖范围，丰富交易品种和交易方式。逐步建立起归属清晰、保护严格、流转顺畅、监管有效、公开透明、具有国际影响力的碳市场。配额总量适度从紧、价格合理适中，有效激发企业减排潜力，推动企业转型升级，实现控制温室气体排放目标。

2019 年 12 月 16 日　财政部关于印发《碳排放权交易有关会计处理暂行规定》的通知

http: //kjs.mof.gov.cn/zhengcefabu/201912/t20191223_3448268.htm

重点排放企业通过购入方式取得碳排放配额的，应当在购买日将取得的碳排放配额确认为碳排放权资产，并按照成本进行计量。

重点排放企业通过政府免费分配等方式无偿取得碳排放配额的，不作账务处理。

2020 年 12 月 31 日　生态环境部《碳排放权交易管理办法（试行）》

https: //www.mee.gov.cn/xxgk2018/xxgk/xxgk02/202101/t20210105_816131.html

为落实党中央、国务院关于建设全国碳排放权交易市场的决策部署，在应对气候变化和促进绿色低碳发展中充分发挥市场机制作用，推动温室气体减排，规范全国碳排放权交易及相关活动，根据国家有关温室气体排放控制的要求，制定本办法。

本办法适用于全国碳排放权交易及相关活动，包括碳排放配额分配和清缴，碳排放权登记、交易、结算，温室气体排放报告与核查等活动，以及对前述活动的监督管理。

2021 年 3 月 11 日 《中华人民共和国国民经济和社会发展第十四个五年规划和 2035 年远景目标纲要》

http: //www.gov.cn/xinwen/2021-03/13/content_5592681.htm

落实 2030 年应对气候变化国家自主贡献目标，制定 2030 年前碳排放达峰行动方案。完善能源消费总量和强度双控制度，重点控制化石能源消费。实施以碳强度控制为主、碳排放总量控制为辅的制度，支持有条件的地方和重点行业、重点企业率先达到碳排放峰值。推动能源清洁低碳安全高效利用，深入推进工业、建筑、交通等领域低碳转型。加大甲烷、氢氟碳化物、全氟化碳等其他温室气体控制力度。提升生态系统碳汇能力。锚定努力争取 2060 年前实现碳中和，采取更加有力的政策和措施。加强全球气候变暖对我国承受力脆弱地区影响的观测和评估，提升城乡建设、农业生产、基础设施适应气候变化能力。加强青藏高原综合科学考察研究。坚持公平、共同但有区别的责任及各自能力原则，建设性参与和引领应对气候变化国际合作，推动落实联合国气候变化框架公约及其巴黎协定，积极开展气候变化南南合作。

2021 年 3 月 26 日　关于印发《企业温室气体排放报告核查指南（试行）》的通知

https: //www.mee.gov.cn/xxgk2018/xxgk/xxgk06/202103/t20210329_826480.html

规定了重点排放单位温室气体排放报告的核查原则和依据、核查程序和要点、核查复核以及信息公开等内容。适用于省级生态环境主管部门组织对重点排放单位报告的温室气体排放量及相关数据的核查。对重点排放单位以外的其他企业或经济组织的温室气体排放报告核查，碳排放权交易试点的温室气体排放报告核查，基于科研等其他目的的温室气体排放报告核查工作可参考执行。

2021 年 3 月 28 日　生态环境部《关于加强企业温室气体排放报告管理相关工作的通知》

https: //www.mee.gov.cn/xxgk2018/xxgk/xxgk05/202103/t20210330_826728.html

根据《碳排放权交易管理办法（试行）》规定和《2019—2020 年全国碳排放权交易配额总量设定与分配实施方案（发电行业）》要求，为准确掌握发电行业配额分配和清缴履约的相关数据，夯实全国碳排放权交易市场扩大行业覆盖范围和完善配额分配方法的数据基础，扎实做好全国碳排放权交易市场建设运行相关工作，对企业温室气体排放报告管理做出了具体要求。

2021 年 3 月 30 日　生态环境部关于公开征求《碳排放权交易管理暂行条例（草案修改稿）》意见的通知

https: //www.mee.gov.cn/xxgk2018/xxgk/xxgk06/202103/t20210330_826642.html

为贯彻落实习近平总书记关于应对气候变化重要讲话精神和党中央、国务院关于全国碳排放权交易市场建设的决策部署，充分发挥市场机制作用，推动温室气体减排，实现碳达峰目标和碳中和愿景，我部组织起草了《碳排放权交易管理暂行条例（草案修改稿）》，现公开征集意见。

2021 年 5 月 17 日　关于发布《碳排放权登记管理规则（试行）》《碳排放权交易管理规则（试行）》和《碳排放权结算管理规则（试行）》的公告

https: //www.mee.gov.cn/xxgk2018/xxgk/xxgk01/202105/t20210519_833574.html

为进一步规范全国碳排放权登记、交易、结算活动，保护全国碳排放权交易市场各参与方合法权益，我部根据《碳排放权交易管理办法（试行）》，组织制定了《碳排放权登记管理规则（试行）》《碳排放权交易管理规则（试行）》和《碳排放权结算管理规则（试行）》，现将有关事项公告如下：

一、全国碳排放权注册登记机构成立前，由湖北碳排放权交易中心有限公司承担全国碳排放权注册登记系统账户开立和运行维护等具体工作。

二、全国碳排放权交易机构成立前，由上海环境能源交易所股份有限公司承担全国碳排放权交易系统账户开立和运行维护等具体工作。

三、《碳排放权登记管理规则（试行）》《碳排放权交易管理规则（试行）》和《碳排放权结算管理规则（试行）》自本公告发布之日起施行。

2021 年 9 月 22 日　中共中央　国务院关于完整准确全面贯彻新发展理念做好碳达峰碳中和工作的意见

http: //www.gov.cn/zhengce/2021-10/24/content_5644613.htm

到 2025 年，绿色低碳循环发展的经济体系初步形成，重点行业能源利用效率大幅提升。单位国内生产总值能耗比 2020 年下降 13.5%；单位国内生产总值二氧化碳排放比 2020 年下降 18%；非化石能源消费比重达到 20% 左右；森林覆盖率达到 24.1%，森林蓄积量达到 180 亿立方米，为实现碳达峰、碳中和奠定坚实基础。

到 2030 年，经济社会发展全面绿色转型取得显著成效，重点耗能行业能源利用效率达到国际先进水平。单位国内生产总值能耗大幅下降；单位国内生产总值二氧化碳排放比 2005 年下降 65% 以上；非化石能源消费比重达到 25% 左右，风电、太阳能发电总装机容量达到 12 亿千瓦以上；森林覆盖率达到 25% 左右，森林蓄积量达到 190 亿立方米，二氧化碳排放量达到峰值并实现稳中有降。

到2060年，绿色低碳循环发展的经济体系和清洁低碳安全高效的能源体系全面建立，能源利用效率达到国际先进水平，非化石能源消费比重达到80%以上，碳中和目标顺利实现，生态文明建设取得丰硕成果，开创人与自然和谐共生新境界。

2021年10月24日　国务院关于印发2030年前碳达峰行动方案的通知

http: //www.gov.cn/gongbao/content/2021/content_5649731.htm

“十四五”期间，产业结构和能源结构调整优化取得明显进展，重点行业能源利用效率大幅提升，煤炭消费增长得到严格控制，新型电力系统加快构建，绿色低碳技术研发和推广应用取得新进展，绿色生产生活方式得到普遍推行，有利于绿色低碳循环发展的政策体系进一步完善。到2025年，非化石能源消费比重达到20%左右，单位国内生产总值能源消耗比2020年下降13.5%，单位国内生产总值二氧化碳排放比2020年下降18%，为实现碳达峰奠定坚实基础。

“十五五”期间，产业结构调整取得重大进展，清洁低碳安全高效的能源体系初步建立，重点领域低碳发展模式基本形成，重点耗能行业能源利用效率达到国际先进水平，非化石能源消费比重进一步提高，煤炭消费逐步减少，绿色低碳技术取得关键突破，绿色生活方式成为公众自觉选择，绿色低碳循环发展政策体系基本健全。到2030年，非化石能源消费比重达到25%左右，单位国内生产总值二氧化碳排放比2005年下降65%以上，顺利实现2030年前碳达峰目标。

2021年10月27日　国新办发布《中国应对气候变化的政策与行动》白皮书

http: //www.scio.gov.cn/zfbps/32832/Document/1715491/1715491.htm

中国将应对气候变化全面融入国家经济社会发展的总战略，采取积极措施，有效控制重点工业行业温室气体排放，推动城乡建设和建筑领域绿色低碳发展，构建绿色低碳交通体系，推动非二氧化碳温室气体减排，统筹推进山水林田湖草沙系统治理，严格落实相关举措，持续提升生态碳汇能力。

2021年12月22日　工业和信息化部《关于印发2021年碳达峰碳中和专项行业标准制修订项目计划的通知》

https: //www.miit.gov.cn/jgsj/kjs/wjfb/art/2021/art_ce056a1a183e42f1be837ee3d4c81dd5.html

为发挥标准在推进工业领域碳达峰碳中和工作的引领和规范作用，工业和信息化部编制完成了2021年碳达峰碳中和专项行业标准制修订项目计划，包括石化化工、钢铁、有色金属、建材、稀土、轻工、纺织、电子和通信9个行业的碳达峰碳中和专项行业标准制修订计划。

2021年12月30日　国资委关于印发《关于推进中央企业高质量发展做好碳达峰碳中和工作的指导意见》的通知

http: //www.sasac.gov.cn/n2588035/c22499825/content.html

到2025年，中央企业产业结构和能源结构调整优化取得明显进展，重点行业能源利用效率大幅提升，新型电力系统加快构建，绿色低碳技术研发和推广应用取得积极进展；中央企业万元产值综合能耗比2020年下降15%，万元产值二氧化碳排放比2020年下降18%，可再生能源发电装机比重达到50%以上，战略性新兴产业营收比重不低于30%，为实现碳达峰奠定坚实基础。

到2030年，中央企业全面绿色低碳转型取得显著成效，产业结构和能源结构调整取得重大进展，重点行业企业能源利用效率接近世界一流企业先进水平，绿色低碳技术取得重大突破，绿色低碳产业规模与比重明显提升，中央企业万元产值综合能耗大幅下降，万元产值二氧化碳排放比2005年下降65%以上，中央企业二氧化碳排放量整体达到峰值并实现稳中有降，有条件的中央企业力争碳排放率先达峰。

到2060年，中央企业绿色低碳循环发展的产业体系和清洁低碳安全高效的能源体系全面建立，能源利用效率达到世界一流企业先进水平，形成绿色低碳核心竞争优势，为国家顺利实现碳中和目标作出积极贡献。

2022年1月30日　国家发展改革委 国家能源局关于完善能源绿色低碳转型体制机制和政策措施的意见

https: //www.ndrc.gov.cn/xxgk/zcfb/tz/202202/t20220210_1314511.html?code=&state=123

“十四五”时期，基本建立推进能源绿色低碳发展的制度框架，形成比较完善的政策、标准、市场和监管体系，构建以能耗“双控”和非化石能源目标制度为引领的能源绿色低碳转型推进机制。到2030年，基本建立完整的能源绿色低碳发展基本制度和政策体系，形成非化石能源既基本满足能源需求增量又规模化替代化石能源存量、能源安全保障能力得到全面增强的能源生产消费格局。

2022 年 3 月 15 日 生态环境部《关于做好 2022 年企业温室气体排放报告管理相关重点工作的通知》

https: //www.mee.gov.cn/xxgk2018/xxgk/xxgk06/202203/t20220315_971468.html?keywords=%E5%81%9A%E5%A5%BD2022%E5%B9%B4%E4%BC%81%E4%B8%9A%E6%B8%A9%E5%AE%A4%E6%B0%94%E4%BD%93%E6%8E%92%E6%94%BE%E6%8A%A5%E5%91%8A

为加强企业温室气体排放数据管理工作，强化数据质量监督管理，对 2022 年企业温室气体排放报告管理有关重点工作做出了要求。

2022 年 5 月 25 日 财政部关于印发《财政支持做好碳达峰碳中和工作的意见》的通知

http: //zyhj.mof.gov.cn/zcfb/202205/t20220530_3814434.htm

积极构建有利于促进资源高效利用和绿色低碳发展的财税政策体系，对六大重点方向和领域作出支持，包括支持构建清洁低碳安全高效的能源体系、支持重点行业领域绿色低碳转型、支持绿色低碳科技创新和基础能力建设、支持绿色低碳生活和资源节约利用、支持碳汇能力巩固提升和支持完善绿色低碳市场体系。并且财政部首次提出适时引入有偿分配。

2022 年 7 月 7 日 工业和信息化部 国家发展改革委 生态环境部关于印发工业领域碳达峰实施方案的通知

http: //www.gov.cn/zhengce/zhengceku/2022-08/01/content_5703910.htm

“十四五”期间，产业结构与用能结构优化取得积极进展，能源资源利用效率大幅提升，建成一批绿色工厂和绿色工业园区，研发、示范、推广一批减排效果显著的低碳零碳负碳技术工艺装备产品，筑牢工业领域碳达峰基础。到 2025 年，规模以上工业单位增加值能耗较 2020 年下降 13.5%，单位工业增加值二氧化碳排放下降幅度大于全社会下降幅度，重点行业二氧化碳排放强度明显下降。“十五五”期间，产业结构布局进一步优化，工业能耗强度、二氧化碳排放强度持续下降，努力达峰削峰，在实现工业领域碳达峰的基础上强化碳中和能力，基本建立以高效、绿色、循环、低碳为重要特征的现代工业体系。确保工业领域二氧化碳排放在2030年前达峰。

2022年8月18日　科技部等九部门关于印发《科技支撑碳达峰碳中和实施方案（2022—2030年）》的通知

https: //www.most.gov.cn/xxgk/xinxifenlei/fdzdgknr/qtwj/qtwj2022/202208/t20220817_181986.html

通过实施方案，到2025年实现重点行业和领域低碳关键核心技术的重大突破，支撑单位国内生产总值（GDP）二氧化碳排放比2020年下降18%，单位GDP能源消耗比2020年下降13.5%；到2030年，进一步研究突破一批碳中和前沿和颠覆性技术，形成一批具有显著影响力的低碳技术解决方案和综合示范工程，建立更加完善的绿色低碳科技创新体系，有力支撑单位GDP二氧化碳排放比2005年下降65%以上，单位GDP能源消耗持续大幅下降。

3. 地方政府关于“双碳”战略的政策法规

2022年3月16日　江苏省生态环境厅关于印发《省生态环境厅2022年推动碳达峰碳中和工作计划》的通知

http: //sthjt.jiangsu.gov.cn/art/2022/3/18/art_83843_10383059.html

根据国家和省关于碳达峰碳中和及应对气候变化工作的最新要求，修改完善《江苏省“十四五”应对气候变化规划》。

坚持降碳、减污、扩绿、增长协同推进，突出生态环境领域减污与降碳统筹融合，编制实施《江苏省减污降碳协同增效实施方案》。

筛选大气污染物和碳排放“双高”重点行业企业，推进大气治理设施节能降耗，探索开展大气污染物和碳排放“双控”改造提升工程试点，推进燃煤锅工业炉窑等清洁燃料替代改造项目，推进大气环境质量改善和碳排放协同增效。

加强甲烷排放管控。按照生态环境部制定的甲烷排放控制行动方案，研究制订我省实施计划。

2022 年 7 月 6 日　中共上海市委　上海市人民政府关于完整准确全面贯彻新发展理念做好碳达峰碳中和工作的实施意见

https: //www.shanghai.gov.cn/nw12344/20220728/ad24ee5ccdff45f49830e762bb437abe.html

到 2025 年，产业结构和能源结构明显优化，重点行业能源利用效率明显提升，与超大城市相适应的清洁低碳安全高效的现代能源体系和新型电力系统加快构建，循环型社会基本形成，绿色低碳循环发展的经济体系初步建立。单位生产总值能源消耗比 2020 年下降 14%，非化石能源占能源消费总量比重力争达到 20%，森林覆盖率达到 19.5% 以上，单位生产总值二氧化碳排放确保完成国家下达指标。

到 2030 年，产业结构和能源结构优化升级取得重大进展，重点行业能源利用效率达到国际先进水平，节能低碳技术创新取得突破性进展，循环型社会发展水平明显提升，绿色低碳循环发展的经济体系基本形成，非化石能源占能源消费总量比重力争达到 25%，森林覆盖率力争达到 21%，单位生产总值二氧化碳排放比 2005 年下降 70%，确保 2030 年前实现碳达峰。

到 2060 年，绿色低碳循环发展的经济体系和清洁低碳安全高效的能源体系全面建立，能源利用效率达到国际领先水平，非化石能源占能源消费总量比重达到 80% 以上，经济社会发展全面脱碳，碳中和目标顺利实现。

2022 年 7 月 8 日　上海市人民政府关于印发《上海市碳达峰实施方案》的通知

https: //www.shanghai.gov.cn/nw12344/20220728/75468067a4a848139d2a2eed16ce9e11.html

到 2025 年，单位生产总值能源消耗比 2020 年下降 14%，非化石能源占能源消费总量比重力争达到 20%，单位生产总值二氧化碳排放确保完成国家下达指标。

到 2030 年，非化石能源占能源消费总量比重力争达到 25%，单位生产总值二氧化碳排放比 2005 年下降 70%，确保 2030 年前实现碳达峰。

2022 年 7 月 25 日　中共广东省委　广东省人民政府关于完整准确全面贯彻新发展理念推进碳达峰碳中和工作的实施意见

http: //www.gd.gov.cn/zwgk/zcjd/snzcsd/content/post_3980099.html

到 2025 年，绿色低碳循环发展的经济体系基本形成，单位地区生产总值能耗、二氧化碳排放完成国家下达的目标；到 2030 年，重点耗能行业能源利用效率达到国际先进水平；2030 年前实现碳达峰，达峰后碳排放稳中有降。

到 2050 年，新能源为主的新型电力系统全面建立，能源利用效率整体达到国际先进水平。到 2060 年，绿色低碳循环的经济体系和清洁低碳安全高效的能源体系全面建成，非化石能源消费比重达到 80% 以上，碳中和目标顺利实现，生态文明高度发达，开创人与自然和谐共生新境界。